大采高综采、综掘粉尘防治关键技术及装备

李德文　郭胜均　隋金君　张设计
郑　磊　张小涛　马　威　　　著

U0380220

东南大学出版社
SOUTHEAST UNIVERSITY PRESS
·南京·

内 容 简 介

本书针对我国矿山职业危害的严峻形势,以"呼吸性粉尘(以下简称'呼吸尘')防治"为主线,基于多相流数值仿真与巷道试验测试,分析大采高综采、综掘作业区呼吸性粉尘时空三维演化规律,重点介绍了机械化采掘面呼吸性粉尘的扩散分布规律,大采高综采面分尘源分区封闭防尘技术与装备,综掘面通风除尘与风流自动调控技术及装备,典型煤矿采掘面粉尘防控示范工程等四方面内容。还从实验室测试、数值模拟分析、模拟试验等角度,介绍在采掘面呼吸性粉尘分布规律、大采高分尘源封闭、综掘通风除尘等方面取得的一些突破性成果:保证呼吸性粉尘降尘效率达到90%以上,有效解决大采高综采面粉尘污染难题。

图书在版编目(CIP)数据

大采高综采、综掘粉尘防治关键技术及装备/ 李德文等著. —南京:东南大学出版社,2022.12
　　ISBN 978 - 7 - 5766 - 0529 - 7

　　Ⅰ.①大… Ⅱ.①李… Ⅲ.①煤尘-防尘 Ⅳ.
①TD714

中国版本图书馆 CIP 数据核字(2022)第 243958 号

责任编辑:姜晓乐　　责任校对:韩小亮　　封面设计:王 玥　　责任印制:周荣虎

大采高综采、综掘粉尘防治关键技术及装备
Dacaigao Zongcai、Zongjue Fenchen Fangzhi Guanjian Jishu ji Zhuangbei

著　　者:李德文　郭胜均　隋金君　张设计　郑磊　张小涛　马威
出版发行:东南大学出版社
出 版 人:白云飞
社　　址:南京四牌楼 2 号　邮编:210096
网　　址:http://www.seupress.com
经　　销:全国各地新华书店
印　　刷:苏州市古得堡数码印刷有限公司
开　　本:787 mm×1 092 mm　1/16
印　　张:12.5
字　　数:312 千字
版　　次:2022 年 12 月第 1 版
印　　次:2022 年 12 月第 1 次印刷
书　　号:ISBN 978 - 7 - 5766 - 0529 - 7
定　　价:66.00 元

本社图书若有印装质量问题,请直接与营销部调换。电话(传真):025 - 83791830

前　言

随着开采强度不断增加，大采高综采、高效快速掘进等工艺逐渐被推广，综采面生产强度大幅提高，在提高生产效率的同时也加剧了呼吸尘的产生和扩散，现有防尘技术及装备已不能有效解决，粉尘污染问题成为制约煤矿智能化、高效生产发展的技术瓶颈。针对采掘面呼吸性粉尘分布规律、大采高分尘源封闭、综掘通风除尘等方面关键技术，本书著者基于多相流数值仿真与巷道实验测试，分析大采高综采、综掘作业区呼吸性粉尘时空三维演化规律，提出大采高综采面分尘源呼吸性粉尘控制技术，研发采煤机随机抽尘净化装备对采煤机处粉尘进行控制和治理，研发液压支架顶板预湿润煤体及落尘封闭捕集技术装备，控制液压支架移降架产尘；通过优化喷雾参数及布置方式，开展呼吸性粉尘高效除尘器研究，保证呼吸性粉尘降尘效率达到 90% 以上，有效解决大采高综采面粉尘污染难题。本书重点内容包括：机械化采掘面呼吸性粉尘分布时扩散分布规律、大采高综采面分尘源分区封闭防尘技术与装备、综掘面通风除尘与风流自动调控技术及装备、典型煤矿采、掘面粉尘防控示范工程等。

全书共分 5 章：第一章简要介绍矿山呼吸性粉尘防治国内外研究现状，引出本书的主题，重点介绍采掘面呼吸性粉尘防控发展历程和趋势；第二章分析机械化采掘面呼吸性粉尘分布时空演化规律；第三章阐述大采高综采面分尘源分区封闭防尘技术及装备；第四章阐述综掘面通风除尘与风流自动调控技术及装备；第五章阐述典型煤矿采、掘面防尘示范应用技术研究。

本书是作者依托国家重点研发计划"矿山职业危害防治关键技术及装备研究""劳动密集型作业场所职业病危害防护技术与装备研究"及国家科技支撑项目"瓦斯煤尘爆炸预防及继发性灾害防治关键技术"等，对多年来学习和研究大采高综采、综掘防尘理论、方法和应用成果的总结。

在撰写本书过程中，作者参考了大量国内外行业专家、学者的论文和著作，也得到了国内多位同领域专家的支持和帮助，他们为本书提出很多建设性建议。同时，也得到中国矿业大学、重庆大学相关领导的大力支持。在此,为本书出版给予支持与帮助的同志们表示衷心的感谢。

由于作者的学识水平有限,书中疏漏及不当之处在所难免,恳请读者提出批评指正。

著者

2022 年 11 月

目　　录

第一章　国内外研究现状 ··· 1

1.1　矿山呼吸性粉尘防治国内外研究现状 ····························· 1

1.2　矿山职业危害监测与管理 ··· 4

第二章　机械化采掘面呼吸性粉尘分布时空演化规律 ···················· 6

2.1　大采高综采面风流-呼吸性粉尘两相流动特性数值研究 ········· 6

2.1.1　数值模型的建立 ··· 6

2.1.2　大采高综采面风流场三维分布规律研究 ············· 8

2.1.3　大采高综采面呼吸性粉尘三维分布规律研究 ········ 10

2.2　大采高综采面风流与呼吸性粉尘演化规律实测研究 ·········· 18

2.3　综掘面风流-呼吸性粉尘两相流动特性数值研究 ············· 23

2.4　综掘工作面呼吸性粉尘分布时空演化规律 ·················· 32

第三章　大采高综采面分尘源分区封闭防尘技术及装备 ················ 35

3.1　远射程低耗水型气水喷雾器研究 ······························· 35

3.1.1　技术原理 ·· 35

3.1.2　技术方案 ·· 35

3.1.3　气水喷雾器结构设计及试制 ······················· 36

3.1.4　气水喷雾器雾化效果实验室试验 ··················· 36

3.2　大采高综采面含尘风流控制与净化技术研究 ················ 40

3.2.1　含尘风流控制与净化技术原理及研究方案 ·········· 40

3.2.2　含尘风流控制与净化技术数值模拟研究 ············ 41

3.2.3　含尘风流控制与净化技术配套控制工艺装备研究 ··· 43

3.2.4　含尘风流控制与净化技术现场工业性试验 ·········· 44

3.3　采煤机随机抽尘净化技术与装备研究 ······················· 46

3.3.1　采煤机随机抽尘净化技术原理 ····················· 46

3.3.2　技术方案 ·· 47

3.3.3　采煤机随机抽尘净化技术关键工艺参数数值模拟研究 ··· 47

3.3.4　采煤机随机抽尘净化装备研究 ……………………………………… 52

3.3.5　采煤机随机抽尘净化技术现场工业性试验 …………………… 58

3.4　液压支架粉尘治理技术及装备 ……………………………………………… 59

3.4.1　技术方案 …………………………………………………………………… 60

3.4.2　液压支架降柱移架产尘规律研究 …………………………………… 61

3.4.3　液压支架顶板预湿润煤层抑尘技术研究 ………………………… 63

3.4.4　液压支架封闭控尘收尘装置研究 …………………………………… 65

3.4.5　支架封闭控尘收尘装置实验室试验 ………………………………… 68

3.4.6　液压支架封闭控尘装置工业性试验 ………………………………… 69

3.5　负压除尘和微雾净化技术及装备研究 …………………………………… 69

3.5.1　技术原理 …………………………………………………………………… 69

3.5.2　技术方案 …………………………………………………………………… 70

3.5.3　负压除尘及微雾净化技术关键工艺参数研究 ………………… 71

3.5.4　负压除尘及微雾净化装备研究 ……………………………………… 77

3.5.5　负压除尘及微雾净化技术现场工业性试验研究 …………… 81

3.6　大采高综采面粉尘综合防治技术应用 …………………………………… 83

3.7　小结 …………………………………………………………………………………… 83

第四章　综掘面通风除尘与风流自动调控技术及装备 …………………… 86

4.1　综掘面通风除尘压抽风流协调机制研究 ……………………………… 86

4.1.1　基于附壁射流控尘的综掘面通风除尘压抽风流协调基础理论 …… 86

4.1.2　综掘面压抽风流耦合影响因素及作用数值模拟 …………… 94

4.1.3　综掘面长压短抽通风除尘试验研究 ……………………………… 112

4.1.4　综掘工作面长压短抽通风除尘系统工程应用 ……………… 127

4.2　基于呼吸性粉尘的高效湿式除尘器研制 ……………………………… 128

4.2.1　总体技术路线 …………………………………………………………… 128

4.2.2　呼吸性粉尘高效控制单元研究 …………………………………… 130

4.2.3　样机设计 …………………………………………………………………… 138

4.2.4　制造工艺 …………………………………………………………………… 142

4.3　综掘面风流自动调控技术 …………………………………………………… 143

4.3.1　压风风量在线监测的试验研究 …………………………………… 143

4.3.2　除尘器风量实时监控方法的研究 ………………………………… 152

4.3.3　除尘器运行状态在线监控装备研究 ……………………………… 157

4.3.4　风量监控装置的实验室试验 ………………………………………… 158

4.4　小结 …………………………………………………………………………………… 158

第五章　典型煤矿采、掘面防尘示范应用技术研究 ·············· 161

　5.1　神东补连塔矿大采高综采面防尘示范应用技术研究 ·········· 161

　　5.1.1　示范工作面概况 ································ 161

　　5.1.2　主要研究内容 ································· 161

　　5.1.3　大采高综采面分尘源呼吸性粉尘控制与降尘技术应用研究 ········· 162

　　5.1.4　采煤机随机抽尘净化技术应用研究 ···················· 164

　　5.1.5　拉簧式支架封闭控尘收尘装置研究与应用 ············· 168

　　5.1.6　负压除尘微雾净化技术应用研究 ··················· 170

　　5.1.7　呼吸性粉尘浓度监测与管理 ···················· 172

　　5.1.8　综合降尘效果 ································· 173

　5.2　神东寸草塔矿综掘面防尘示范应用技术研究 ············· 174

　　5.2.1　示范矿井概况 ································· 174

　　5.2.2　主要研究内容 ································· 175

　　5.2.3　工作面粉尘粒度分布分析 ······················· 175

　　5.2.4　综掘工作面粉尘防治 ·························· 176

　　5.2.5　现场示范应用及效果 ·························· 183

　　5.2.6　掘进面呼吸性粉尘浓度监测与管理 ···················· 186

参考文献 ····································· 188

第一章 国内外研究现状

1.1 矿山呼吸性粉尘防治国内外研究现状

目前,国内外煤矿防尘主要在化学降尘、煤层注水、喷雾降尘、综掘面控除尘等方面开展了大量的研究工作。

化学降尘是在水力除尘的基础上发展起来的一种降尘技术,该技术从 20 世纪 30 年代出现以来,一直得到人们的高度重视。根据用途的不同化学降尘剂可分为三类:粉尘润湿剂、粉尘凝聚剂、粉尘黏结剂。粉尘湿润剂是目前在煤矿中得到广泛应用和被研究最多的一种化学降尘剂,其研究起始于 20 世纪 50 年代,当时采用添加少量非离子表面活性剂改善氯化钙、氯化镁等吸湿性无机盐的方法来提高捕尘效率,这一方法在 70 年代得到较快的发展。近年来,高分子聚合物的复配在煤尘湿润剂的探索和应用方面非常活跃,也是未来化学降尘发展的一个重要方向。目前,俄罗斯、美国、日本和欧洲一些国家的煤尘湿润剂研究成果已经处于世界先进水平。我国关于润湿型化学降尘剂的研究起步于 20 世纪 70 年代末,到 20 世纪 80 年代取得显著进展。目前我国以单体湿润剂研究居多,以多种湿润剂进行复配的研究并不多。已知的研究资料中,吴超通过在阴离子表面活性剂中添加无机盐溶液改善湿润作用,结果表明无机盐能有效改善阴离子表面活性剂溶液湿润煤尘的过程,较低浓度的表面活性剂溶液的湿润作用更大。李博等研制了一种新型的复配湿润降尘剂,通过正交试验得到了降尘剂的最佳复配方案,实验结果表明使用该降尘剂后降尘效率相对于清水喷雾降尘提高了 20% 左右。这表明湿润剂复配研究技术是提高湿润剂活性行之有效的方法。

煤层注水减尘方法是一项最积极、有效的主动控制尘源措施,世界各国都十分重视推广与应用煤层注水的防尘方法。在采、掘活动前通过往煤层中注水对煤体进行预先湿润,可以有效降低采掘过程中粉尘产生量。研究成果表明,通过煤层注水可以使总粉尘降尘率达到 50%~70%,呼吸性粉尘降尘率可达到 60%~75%。为此《煤矿安全规程》中也明确规定了采煤工作面除特殊情况外应当采取煤层注水防尘技术。虽然我国很多煤矿都采取了煤层注水防尘措施,但是就防尘效果来说并不尽如人意,煤层注水防尘的作用并没有得到充分的发挥。究其原因主要是缺乏针对煤层注水难易程度的分析,对煤层孔隙、裂隙分布的规律掌握不明,对于适合于不同煤体的水压选取缺乏依据,对于注水后的抑尘效果缺乏科学的考察。现场注水存在很大的盲目性,往往花费了大量人力物力却没有达到应有的防尘效果。

喷雾降尘技术在煤矿应用最为广泛,20 世纪 20 年代,英国、美国等开始采用喷雾降尘技术,但是平均降尘率仅为30%;20世纪70年代,美国提出内喷雾技术,并在90年代初,开始强制使用内喷雾抑尘。现今美国、澳大利亚等国普遍采用分流臂作为采煤机的外喷雾之一,分流臂由采煤机身向外延伸,不仅能够润湿煤尘与破碎煤体,而且能够有效阻隔煤尘向人行道逸散。我国煤矿大多以湿式防尘为主,提高喷雾降尘水平对提高我国煤矿防尘整体水平有着重要现实意义。为此,我国的矿业类高等院校、科研院所以及相关学者等亦对尘雾凝并机制与喷雾降尘工艺等方面进行了研究。其中,中煤科工集团重庆研究院李德文等基于综采面喷雾降尘设备及成套技术研究指出综合性喷雾降尘技术在低瓦斯、低风速(小于2 m/s)综采(放)工作面,在总耗水量为120～150 L/min的条件下,可使采煤机司机处的总粉尘质量浓度和呼吸性粉尘质量浓度分别降低95%、90%,放煤工操作处的总粉尘质量浓度和呼吸性粉尘质量浓度分别降低89%、78%,支架下风流10 m侧处的总粉尘质量浓度和呼吸性粉尘质量浓度分别降低88%、77%;在高瓦斯、高风速(2～4 m/s)的综采(放)工作面,在总耗水量为180～220 L/min的条件下,可使采煤机司机处的总粉尘质量浓度和呼吸性粉尘质量浓度分别降低92%、85%,放煤工操作处的总粉尘质量浓度和呼吸性粉尘质量浓度分别降低90%、80%,支架下风流10 m侧处的总粉尘质量浓度和呼吸性粉尘质量浓度分别降低88%、77%。

此外,重庆煤科院粉尘所杨俊磊等针对高压雾化喷嘴的优选问题,以煤矿采煤面常用的3大类高压雾化喷嘴为例,采用极差分析法、方差分析法对喷嘴进行分析与讨论,最终确定最优喷嘴组合。孙其飞等开展了风速对喷嘴有效水量及分布均匀度、雾粒粒径的影响试验研究,得出喷雾雾粒粒径与粉尘粒径分布范围接近时降尘效果最佳。赵瑞祥等设计了一套采煤工作面自动喷雾灭尘控制系统,根据采煤机的位置控制安装在支架上的本安电磁阀喷雾,消除处于采煤机切割头下风方向的粉尘,实现采煤工作面的自动灭尘,解决了综采工作面架间自动喷雾的技术难题。董天文等人通过实验研究、现场试验研制出了用于液压支架的负压二次降尘装置,可在一定程度上实现全断面雾化降尘。钱尊兴、李玉元等研究应用了采煤机高压喷雾及负压二次降尘技术,降低了采煤机割煤时产生的煤尘量,改善了工人的作业环境。

近年来,大采高综采在我国神东、榆林、晋城、济北、新疆等矿区得到大量推广应用,由于大采高综采工艺应用时间较短,对于其粉尘防治方面的相关研究较少,采用现有常规采高的防尘技术后,呼吸性粉尘的降尘效率仅能达到70%左右。

为解决综掘工作面的防尘问题,20世纪70年代以来,国内外开展了大量相关的理论分析、模拟分析、实验研究及现场试验工作。实践表明,由于综掘工作面产尘量大、分散度高,采用一般的降尘措施难以解决防尘问题,而利用除尘器进行抽尘净化的综掘工作面通风除尘技术是降低综掘工作面粉尘浓度的最有效途径。但是综掘工作面采用长压短抽混合式通风除尘系统时,通过供风风筒直接向工作面压入的新鲜风流,常会把掘进机掘进时所产生的粉尘吹扬起来,向四处弥漫,不利于除尘器收(吸)尘,从而影响了降尘效果。因此必须采取控尘技术,将粉尘在巷道中的扩散距离控制在一定范围之内。德国采用附壁风筒控尘与袋式除尘器相配套的综合防尘措施控制截割头的粉尘,极大地改善了机掘工作面的劳动条件;

波兰通过 WIR-700 W 型涡流风筒产生的旋转风流,有效抑止了掘进头粉尘的扩散;英国已经成功地将空气幕控尘技术与除尘器配套应用于掘进工作面,通过这种技术可使司机工作地点的空气含尘浓度降低 70% 以上。20 世纪 80 年代,附壁风筒随着西德掘进机一起被引入国内,并在西山西曲矿和兖矿鲍店矿开始应用。我国于 20 世纪 90 年代开始试验研究综掘工作面防尘问题,并取得了一定的研究成果。煤炭科学研究总院重庆分院通过对两种拱形断面的巷道的混合式通风方式、通风参数与排尘效果之间的相互关系的试验研究,得出了最佳排尘效果对应的合理通风参数,可满足断面为 $6\sim14$ m^2 掘进巷道通风除尘的要求。但随着煤矿生产技术及装备的不断发展,煤矿掘进工作面断面尺寸也在不断增大,原有的通风参数已不能很好地满足高效除尘的要求。另外,目前的研究多在理想状态下或特定条件下对某一因素进行研究,而煤矿井下实际的地质及生产条件复杂多变,由此导致现场实际降尘效果参差不齐,主要原因就是研究的系统性不够,对于综掘工作面通风除尘压抽风流协调机制尚未完全明确。除尘器是整个抽尘净化系统最为核心的装备,其性能直接决定抽尘净化系统最终的降尘效果。目前国内外煤矿井下使用的除尘器主要有两大类,一种是布袋除尘器,另一种是湿式除尘器。布袋除尘器的除尘效率是目前最高的,基本达到零排放。但是其由于体积太大,推广运用受到很大的限制,德国有极少部分煤矿采用了该产品,国内只个别煤矿使用,其余大多数煤矿还是采用湿式除尘器。现有湿式除尘器的呼吸性粉尘降尘效率一般只有 80% 左右。利用抽尘净化系统处理粉尘,存在瓦斯在控尘区域聚集的安全隐患。目前国内外暂无综掘面通风除尘风量监控系统相关技术及产品,无法实现在系统运行时对瓦斯、粉尘、压抽风量等工艺参数进行实时监测,以保证系统安全和高效运行。

混凝土喷浆是矿山支护过程中的重要环节,也是需要劳动力最多、劳动强度最大的环节,混凝土喷浆过程也是整个矿山支护过程中产生粉尘最多的环节之一,为了实现矿山的绿色文明生产,降低粉尘污染、减轻工人的劳动强度、保护工人的健康安全,同时提高喷浆支护的质量,则必须从混凝土喷射过程的技术及装备上进行控制。

瑞士、德国采用密闭和半密闭、湿式拌料等湿喷工艺,喷浆区域呼吸性粉尘浓度和回弹率分别降至 $8\sim12$ mg/m^3 和 $10\%\sim15\%$。过去我国矿井普遍采用混凝土干喷作业,粉尘浓度高,职业病危害严重,而且回弹率高,浪费大量物料,强度和耐久性远低于预期设计。在干喷基础上改进的潮喷工艺还没有从根本上解决粉尘扩散及远距离输送难题。湿式喷浆已成为德国、美国等国替代干喷、潮喷的普遍选择,但混凝土管道输送堵塞和混凝土科学配比问题致使能够从根本上降低喷浆粉尘污染的湿式喷射没有得到推广。

目前,我国综采工作面采用煤层注水、高压喷雾、移架人行道喷雾等综合措施后,呼吸性粉尘时间加权平均浓度降至 15 mg/m^3;综掘工作面采用分段注水、涡流控尘和附壁风筒控尘、除尘器除尘、高压喷雾降尘等综合措施后,呼吸性粉尘时间加权平均浓度降至 10 mg/m^3。但距《煤矿安全规程》规定的 2.5 mg/m^3 还有较大差距,煤矿呼吸性粉尘防治技术水平亟待提高。

金属、非金属矿山的粉尘都主要来自地下采场,地下采集工作人员集中,设备多而复杂,是粉尘控制的热点区域。在露天矿穿孔、爆破、装运等作业环节,产尘点多、产尘量大等问题同样严重,不仅严重影响现场作业人员身心健康,而且还严重威胁矿山的开采安全。国外通过使用湿润剂、抑尘剂、湿式过滤除尘器等对金属、非金属矿山进行防尘。我国目前主要的降尘措施和煤矿防尘技术基本相同,主要有水泡泥降尘、通风控除尘及喷雾降尘等。

1.2　矿山职业危害监测与管理

（1）呼吸性粉尘连续监测

国外对职业健康的关注比国内早,技术研发起步早、聚焦程度高。对呼吸性粉尘的分离组分的研究最早可以追溯到 20 世纪 50 年代,并先后制定了 BMRC 曲线、ACGIH 曲线及CEN-ISO-ACGIH 曲线等呼吸性粉尘分离标准,我国一直沿用 BMRC 曲线。针对呼吸性粉尘分离器,国外已经有较成熟的产品,比如美国 SKC 公司的 Respirable Dust Aluminum Cyclone,德国 BGI 公司的 FSP2 Cyclone,但这些产品所遵循的采样规范与我国的有所不同。对呼吸性粉尘浓度检测,国外（如美国）采用人工采样法检测呼吸性粉尘浓度,但我国煤矿多、作业场所量大,采用人工检测法工作量太大,难以实现。美国 Thermo Fisher Scientific公司开发出了 ADR1500 型区域粉尘监测仪,该监测仪采用高灵敏度的光散射光度计（浊度计）技术。穿过气室内悬浮颗粒物的光散射强度与颗粒浓度成线性比例,ADR1500 型区域粉尘监测仪能够对总颗粒物浓度和切割点在 PM10 至 PM1 范围内的悬浮颗粒物的浓度进行持续测量,并集成一个温度和相对湿度（RH）传感器以及一个内部加热器,可补偿随着环境 RH 升高而产生的正偏置。PDR－1000AN 是一种个体监测设备,其利用散射光测量原理,现场实时监测尘、烟、雾的浓度。监测的粉尘颗粒范围为 $0.1 \sim 10~\mu m$,量程达 $400~mg/m^3$。Thermo Fisher Scientific 公司的产品突出特点是功能全面,具有较好的应用体验,且通过了MSHA（美国煤矿安全及健康管理局）的煤矿开采环境认证。

我国对矿井职业卫生的关注和防治工作一直是一个薄弱环节。长期以来,我国一直使用全粉尘浓度卫生标准和短时间、大流量、固定点的环境浓度采样方法作为评价作业环境粉尘危害的方法,因此粉尘浓度的测试分析,特别是呼吸性粉尘监测技术相对比较落后。在测尘技术设备的研发方面,目前国内外使用的测尘仪表主要有 3 类:粉尘采样器、测尘仪及粉尘浓度传感器,这些设备在不同程度上实现了对煤矿总粉尘、呼吸性粉尘的测定,但难以实现呼吸性粉尘的连续在线监测,无法给后续煤尘的防治工艺以正确的指导。

总体来说,目前国内的粉尘检测设备,从不同程度上实现了对煤矿总粉尘、呼吸性粉尘的测定,但难以实现呼吸性粉尘的连续在线监测,无法给后续粉尘的防治工艺以正确的指导,呼吸性粉尘在线监测及防治技术的研究涉及机械、电子、材料、通信和计算机等多个学科的专业知识,国内在粉尘分离技术、抽尘系统恒流技术、自动清尘技术、自适应联动降尘技术等方面都存在瓶颈,这些技术是整个系统设计制造的难点,需要进一步提升和完善。

（2）矿山职业危害管理

我国矿山数量多、粉尘危害严重,导致矿工尘肺病高发。同时矿山井下产尘点多且分散,目前呼吸性粉尘的检测还是依靠人工监测,工作量大,且难以反映矿山呼吸性粉尘危害程度,导致无法实现对作业人员职业危害的提前预警,无法及时采取应对措施。

美国、德国等国家通过个体呼吸性粉尘采样及井下环境参数的实时监测、建立相应的毒害物质数据库和职工健康档案、定期合理调配作业人员工种等手段预防尘肺病等职业危害的发生。我国目前也采用国外的现有技术进行职业健康管理,但我国矿山从业人员数量众多,主要采用自查和抽查的方式,无法实现对作业人员呼吸性粉尘接尘量危害的提前预警。虽然国内有关于矿山作业人员尘肺病预警指标体系及预警模型的报道,但它们仅研究总尘浓度与尘肺病发病管理,未考虑粉尘危害中主要的呼吸性粉尘浓度;研究矿山粉尘危害预警(尘肺病预警)主要采用回归模型等数学方法进行预警分析,由于方法限制,主要从作业场所粉尘浓度、接尘时间、游离二氧化硅含量来进行分析,未综合考虑工艺变革、防护设施设置、个人防护以及职业卫生管理等多因素的影响,不能真正反映工人实际粉尘暴露情况。暂无融入矿山作业人员呼吸性粉尘累积接尘量计算模型和矿山作业人员尘肺病预警指标体系与预警模型的矿山职业危害监测监管第三方支撑平台。随着互联网和大数据技术的发展,建立矿山职业危害预警信息数据库,构建基于云计算和大数据的职业危害第三方支撑平台,实现提前预警已是大势所趋。

综上所述,我国矿山职业危害防治技术与发达国家存在较大差距,满足不了矿山职业危害防治的需求。

第二章 机械化采掘面呼吸性粉尘分布时空演化规律

2.1 大采高综采面风流−呼吸性粉尘两相流动特性数值研究

2.1.1 数值模型的建立

（1）求解过程

采用离散型模型（DPM）模拟粉尘在气场中的运动，利用欧拉-拉格朗日模型描述气相流场和颗粒的运动。离散相问题求解时首先采用 SIMPLE 算法计算连续相的流场速度等参数；其次创建离散相喷射源，确定射流源的位置、尺寸、颗粒粒径的大小和初速度等；然后在拉格朗日坐标下对颗粒群中的各个颗粒进行轨道积分，在随机轨道模型中，应用随机方法来考虑瞬时湍流速度对颗粒轨道的影响。

（2）模型影响因素分析

综采工作面采场空间由于设备布局复杂、设备处于不同位态对空间内风流影响都较大，需要根据影响风流的大小程度，设计计算模型。

对于综采工作面采场空间，液压支架掩护梁后方空间对风流影响较小，同时对研究采场空间风流影响研究意义不大，因此不予考虑；但掩护梁前部面对煤壁侧，由于影响采场空间形状，对前部风流分布影响较大，因此不能将采场单纯视为长方体，应该根据现场实际情况，采场空间由挡煤板分为人行侧和采煤机割煤侧的多边形空间。

采煤机机体外形结构复杂，截断面大小对风流阻挡作用明显，在不改变截断面大小的情况下，可近似将采煤机机身简化为几何尺寸相当的规则长方体。

采煤机滚筒和摇臂结构产生的阻流和绕流作用对工作面风流的影响不可忽视，将采煤机滚筒和摇臂结构简化为与实际外形相近的规则形状。

挡煤板沿整个工作面纵向布置，其高度为 3 m，将人行侧和割煤侧空间分为两部分，对风流横向扩散阻挡影响较大，因此应根据现场实践尺寸设计模型。

由于大采高液压支架部件较大，尤其是支柱的阻流作用，使工作面断面上人行道空间的风流速度低于机道空间，支柱的阻流作用不容忽视；同时，支架顶梁、掩护梁、尾梁及底座都占用采场空间，可根据实际尺寸适当简化规则块体，但截面积不能改变，以保证采场空间大小的真实性。

正常割煤生产时,刮板输送机输送槽空间全被煤炭充填,对风流影响较小,槽空间可近似为长方体实体结构。

将支架顶梁和底座、镏子、煤壁等简化为平面边界,忽略对风流的影响。

同时,采场空间中的温度、湿度相对稳定,对风流场影响较小,因此忽略温湿度对风流速度分布的影响。

（3）CFD 模型及边界条件

通过对综采面采场空间风流场影响因素分析,根据空间实际尺寸建立模型,同时去除实体单元所占空间位置,只保留采场空间实际流场计算空间模型,如图 2-1 所示。CFD 模型基本参数见表 2-1。

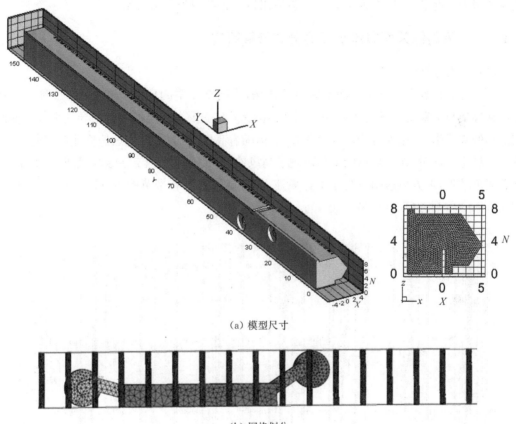

（a）模型尺寸

（b）网格划分

图 2-1　CFD 模型

表 2-1　CFD 模型基本参数及边界

序号	模型参数	参数取值
1	采场空间	长 150 m,宽 6 m,高 8 m
2	采煤机机身	10 m×3.6 m×3.6 m
	采煤机滚筒	直径 4.5 m,截深 0.8 m

续表

序号	模型参数	参数取值
3	挡煤板	厚 20 mm,高 3 m,长 140 m
4	移架区长度	46 m
5	未移架区长度	104 m
6	割煤方式	顺风/逆风

采用 GAMBIT 网格划分软件对模型进行多面体网格划分,将间距大小设置为 0.1 m。关于数值模拟的边界条件,设置湍流模型为标准 κ-ε 双方程模型,关闭能量方程,设置入口边界类型为速度进口,速度为 1.2 m/s,设置出口边界类型为自由出流。

2.1.2 大采高综采面风流场三维分布规律研究

(1)风流场影响范围

经过计算得到大采高工作面空间风流流场,不同高度空间风流分布云图,如图 2-2 所示。在移架与未移架区域交接处,由于采用追机移架,受采煤机阻挡和移架导致采场空间瞬间缩小的双重影响,在人行侧风速变化较大,但随着高度增加,人行侧风速变化越来越小,最终趋于稳定。同时,在采场空间上部出现了高风速分布带,风速稳定在最高风速(2.2 m/s),随着高度增加,上方风速明显高于下方风速,并且高风速分布带范围也逐渐扩大,在高度空间达到 5.5 m 后,高风速区域达到 40 m 以上。

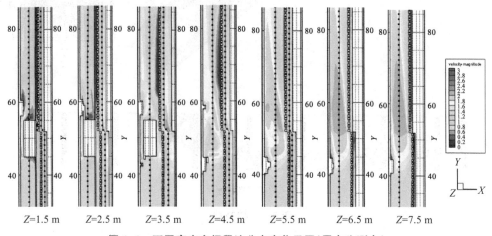

图 2-2　不同高度空间风流分布变化云图(黑点为测点)

通过对采煤机逆风割煤时,采煤机位于模型长度方向(Y)40~60 m 位置,对比采煤机上风侧和下风侧空间风速分布云图可知:由于采煤机的阻挡作用,在其上风侧 15 m 范围内,风流发生变化,并且越靠近采煤机风速变化越大;在采煤机下风侧,风流影响范围超过 30 m,并且离采煤机越远风流分布变化越小。

（2）采场割煤侧风流分布规律

在采场空间割煤侧高于采煤机机身高度距离底板 4.5 m、5.5 m、6.5 m 以及 7.5 m 的采煤机正上方不同高度空间沿风流方向每间隔 5 m 监测风速分布，变化情况如图 2-3 所示。

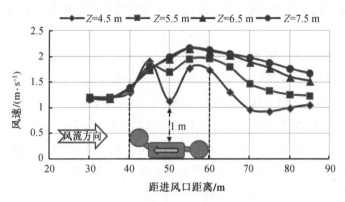

图 2-3 采场割煤侧风流场变化规律

由图 2-3 可知：沿着风流方向，当风流遇到采煤机机身阻挡时，机面上方风流速度迅速增加，并且距离采煤机机面越高，风速越大；同时在采煤机机身段距离机面 2 m 高度范围内出现了风速由升高逐渐减低又逐渐升高区域，其中风速最低点出现在采煤机机身中部位置，风速在 1.3 m/s 左右，说明此区域内粉尘飘移较慢，容易聚集，是防尘重点区域。在高出机面 2 m 以上空间，沿风流方向风速一直处于连续增加阶段，在煤机机尾端处风速达到最大，在距离机面 4 m 高度即采场顶板附近达到 2.2 m/s 的最大风速，与采场平均风速相比风速最大增加了 83%，说明大采高综采面风流遇到障碍物阻挡后主要沿着顶板流动。风流翻越过采煤机后，采场空间风流流道面积恢复，风速又逐渐降低但依旧是上层风速高下层风速低，最终逐渐恢复到平均风速。

（3）采场人行侧风流分布规律

在人行侧即支架内部空间，监测距离采煤机边缘 2 m 附近距离底板 1.5 m、2.5 m、3.5 m、4.5 m 及 5.5 m 高度位置风流场分布数据（由于支架掩护梁的倾斜结构，5.5 m 以上空间已属于采空区，不作为研究对象），如图 2-4 所示。

由图中数据曲线可知：在人行侧 5.5 m 高度空间范围内，风速沿风流前进方向在不同高度位置变化趋势相同，都存在风速先升高再降低、随后二次升高最后逐渐降低直至恢复到工作面平均风速的变化趋势，在采煤机长度 20 m 范围内风速呈总体升高趋势，最高点出现在采煤机下风侧

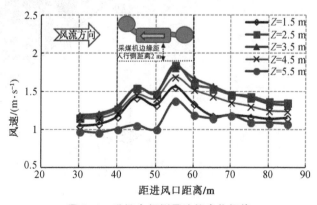

图 2-4 采场人行侧风流场变化规律

末端位置,风速最大达到 1.8 m/s,与采场平均风速相比最大增加了 50%,并且在 2.5～4.5 m 高度空间内风速相对较高,这是由支架在此范围较大的内空面积造成的。在采煤机中部位置也出现了风速相对较低区,这主要是受割煤侧采煤机中部机面上方的慢风速区域影响,其中 5.5 m 高度位置所受影响最大,说明此区域位置粉尘容易聚集,扩散缓慢,是粉尘治理重点区域。

通过对比人行侧和割煤侧不同高度方向风流速度大小,在采煤机正上方靠近顶板附近($Y=40～60$ m 范围)风流平均风速在 2 m/s 左右,与采场平均风速相比增加近 67%;而在采煤机侧面(X 正方向)靠近采空区区域(人行侧),平均风速集中在 1.4～1.6 m/s 范围,与采场平均风速相比最大增加近 33%;说明由于采煤机的阻挡作用,在采煤机影响区域内,大采高工作面大部分风流沿采煤机正上方空间通过,纵向扩散大于横向扩散;同时粉尘随风流扩散的特性,间接反映了大采高工作面采煤机割煤产生的呼吸性粉尘以纵向扩散为主,横向扩散为辅,人行侧作业人员的尘源来源主辅关系会发生相应改变。

2.1.3 大采高综采面呼吸性粉尘三维分布规律研究

(1) 不同距离呼吸性粉尘浓度分布规律

风流计算收敛后,加入离散相,继续在稳态条件下计算,沿风流方向,每间隔 10 m 取一个横切面,顺逆风割煤两种情况下不同距离截面的呼吸性粉尘浓度分布情况如图 2-5 所示。

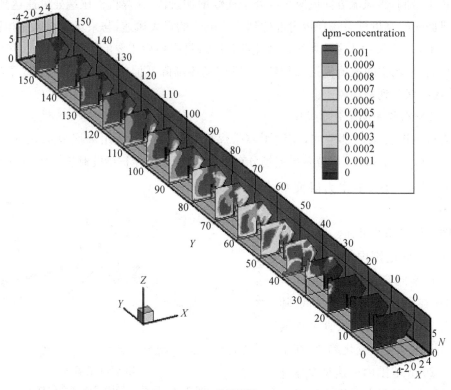

(a) 逆风割煤

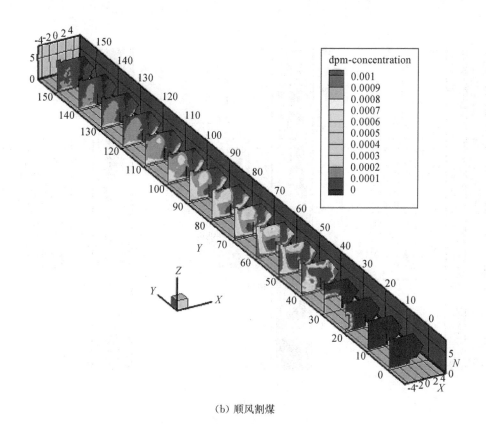

（b）顺风割煤

图 2-5　Y 截面呼吸性粉尘浓度分布云图

由图 2-5 可知：逆风割煤时，采煤机机身上方呼吸性粉尘随风流方向逐渐扩散开来，部分向人行道上运动，大部分向顶部空间运动，导致 X 和 Z 方向上呼吸性粉尘影响的范围增大；在采煤机上风侧与挡煤板的夹角位置，由于挡煤板高度低于滚筒割煤高度，导致此区域粉尘浓度较低；在采煤机下风侧，由于粉尘沿风流移动，在采煤机机尾位置，粉尘翻越采煤机后下沉，在采煤机端部位置出现大量积聚，这主要是由于采煤机的阻挡作用导致机道 2 m 高度空间出现低风速区，采煤机同时阻挡扰流导致粉尘在此区域旋转；随着与采煤机距离的增加，粉尘受风流扰动影响，粉尘浓度逐渐趋于均匀并呈现降低态势。

顺风割煤时，上风侧滚筒割底煤，在挡煤板与采煤机的夹角处粉尘浓度较大，粉尘沿采煤机及挡煤板向下风侧扩散，其中采煤机机面上方粉尘浓度最大，并逐渐向上部空间扩散；采煤机下风侧滚筒割顶煤，此时粉尘主要沿煤壁运动并随风流逐渐向人行侧扩散。

（2）不同高度位置呼吸性粉尘分布规律

在支架内部人行道空间，顺逆风割煤两种情况下，取 2.5 m（作业人员呼吸带位置距离底板高度）、4.5 m、6.5 m 三个高度位置，分析不同高度的呼吸性粉尘浓度分布情况，如图 2-6 所示。

从顺逆风割煤对比情况可知：在相同高度位置，呼吸性粉尘分布趋势大体相同，但顺风割煤时粉尘主要沿煤壁运动，逆风割煤时粉尘主要沿机道靠挡煤板侧向下风侧运移；顺逆风

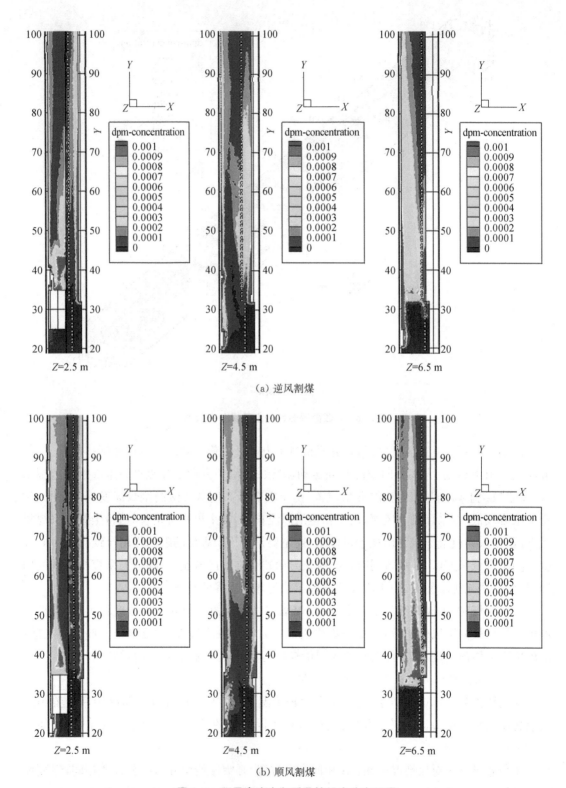

（a）逆风割煤

（b）顺风割煤

图 2-6　不同高度方向呼吸性粉尘分布云图

割煤时,支架内部粉尘主要来自移架产尘。随着高度增加,割煤侧粉尘浓度越来越大,上部空间粉尘主要来源于支架移架产尘,下部空间粉尘主要来源于割煤产尘,并且支架产尘在横向影响范围较大。在采煤机下风侧 20～30 m 范围,支架产尘逐渐与割煤产尘汇聚混合,向下风侧运动。

通过在人行道空间取点提取呼吸性粉尘浓度,得到分布规律如图 2-7 所示。

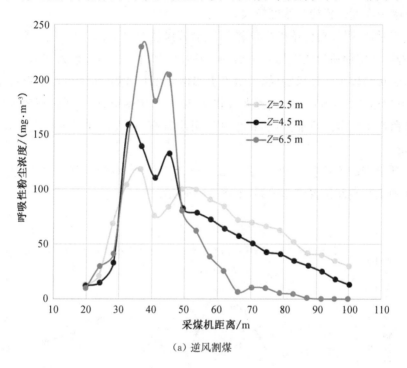

（a）逆风割煤

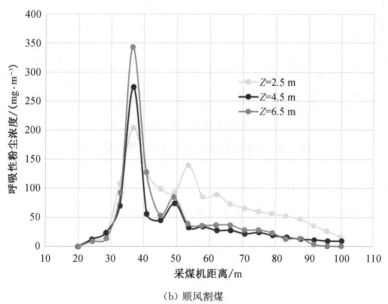

（b）顺风割煤

图 2-7　人行道空间不同高度呼吸性粉尘浓度

顺逆风割煤时,在人行道空间,沿着风流行进方向,呼吸性粉尘浓度在空间范围内都呈现先增加再减小再增加的趋势。逆风割煤时,在采煤机上风侧至机尾位置,随着高度增加,粉尘浓度增加,最大浓度出现在机尾位置,最大达到 229.8 mg/m³,其中人员呼吸带高度粉尘浓度最大位置位于距离机尾 10 m 处,此时浓度最大达到 118.3 mg/m³;在机尾下风侧方向,随着高度增加,粉尘浓度逐渐减小,主要是由于上部空间粉尘逐渐沉降到了下部空间,此区域人员呼吸带高度位置粉尘浓度较大。

顺风割煤时,呼吸性粉尘浓度也同样呈现沿着风流行进方向先增加再减小再增加的趋势,并且随着高度增加粉尘浓度随之增加;但与逆风割煤相比,趋势较为明显,主要是由于顺风割煤对风流扰动较小。顺风割煤时,由于支架移架在上风侧,在采煤机附近粉尘浓度迅速升高,最大可到达 343.1 mg/m³,而在距离机尾 20 m 位置附近,由于采煤机割煤粉尘横向扩散及煤壁垮落产尘扩散的叠加效应,粉尘浓度再次升高,在人员呼吸带高度升高至最大,达到 100.3 mg/m³。

取人员呼吸带高度位置,即距离底板 2.5 m 高度位置,对粉尘分布规律进行数学拟合,得到呼吸性粉尘与空间位置演化关系,如图 2-8 所示。

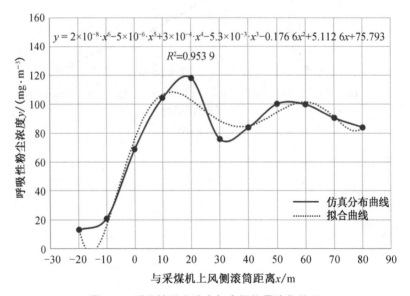

图 2-8　呼吸性粉尘浓度与空间位置演化关系

以采煤机上滚筒位置为原点,选取采煤机前方 20 m 至机尾 60 m 呼吸性粉尘浓度进行数学拟合,得到呼吸性粉尘时空演化规律。采煤机附近呼吸性粉尘浓度与空间位置的关系式,具体如下:

$$y = 2 \times 10^{-8} x^6 - 5 \times 10^{-6} x^5 + 3 \times 10^{-4} x^4 - 5.3 \times 10^{-3} x^3 - 0.176\,6 x^2 + 5.112\,6 x + 75.793$$
$$R^2 = 0.953\,9$$

其中,拟合优化相似度为 0.95 以上,可以作为呼吸性粉尘演化规律关系表达式。

（3）不同时间呼吸性粉尘演化规律

本书结合粉尘颗粒在空间分布轨迹，绘制在工作面空间的不同颗粒粒径呼吸性粉尘在产生 5 s、15 s、35 s、50 s、75 s、100 s 及 150 s 时分布情况，如图 2-9 所示。

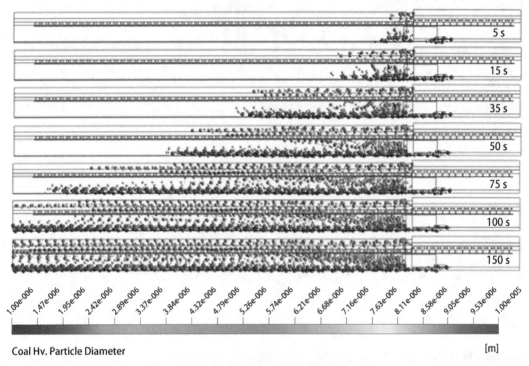

图 2-9　不同时间粉尘颗粒分布

由图 2-9 可知：粉尘颗粒运移距离与时间成正比关系，呼吸性粉尘中粒径较大颗粒粉尘主要随风流沿煤壁运动，而较小粒径粉尘颗粒易发生横向扩散，横向扩散趋势是其中相对较大的颗粒粉尘扩散明显。在产尘初始阶段，粉尘颗粒运移基本处于无序扩散状态，当粉尘运移时间达到 100 s 左右时，颗粒运动轨迹基本稳定。采煤机割煤产尘颗粒与支架移架产尘颗粒运移在初始阶段区别较大，具体如图 2-10 所示。

图 2-10 为逆风割煤时粉尘颗粒运动轨迹。在割煤侧，即图 2-10（a），采煤机上风侧滚筒产生的呼吸性粉尘颗粒沿着煤壁随风流向下风侧运动，而下风侧滚筒产生的粉尘颗粒则在滚筒与挡煤板之间往复徘徊碰撞，虽最终沿着运煤机道向下风侧运动，但在此区域粉尘容易瞬间积聚，应是重点治理区域；下风侧滚筒处的粉尘颗粒离开滚筒附近区域后，在煤机下风侧 15～20 m 位置处从机道内逐渐向人行侧扩散。图 2-10（b）为支架移架产尘，由于采场空间高度较高，在支架尾梁处产生的落尘随风流沿着人行空间后侧靠近支架尾梁逐渐向下风侧方向运动，同时逐渐向整个人行道空间扩散；支架顶梁产生的落尘颗粒主要在机道上方空间随着风流逐渐向四周扩散，支架内部人行空间粉尘主要来源于支架移架作业，其中尾梁落尘是主要来源。

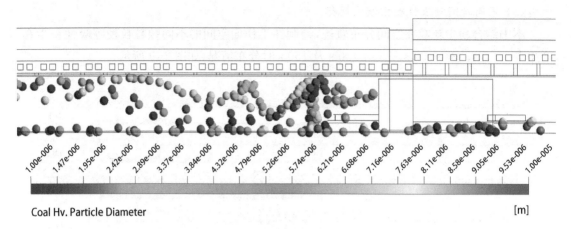

（a）采煤机割煤粉尘

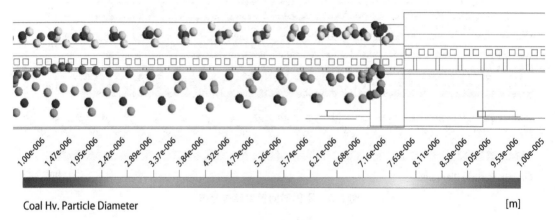

（b）支架移架粉尘

图 2-10　粉尘颗粒运移轨迹

（4）采高对呼吸性粉尘分布规律影响研究

在相同尘源产尘强度条件下，通过对比分析研究不同采高条件下采场空间内粉尘浓度的演化规律，研究采高对粉尘分布的影响的差异性。数值模拟分别模拟了采高为 3 m、6 m 和 8 m 三种情况下粉尘浓度分布情况，具体见图 2-11 所示。

从三种采高粉尘浓度分布可以看出：随着采高增加，由于采场空间体积的增加，空间内高浓度粉尘（200 mg/m³ 以上）影响范围逐渐减小，其中 3 m 采高对应的影响范围最大，达到 90 m 左右；6 m 采高对应的影响范围次之，达到 80 m 左右；8 m 采高对应的影响范围最小，达到 50 m 左右。由此说明采高增加对减小粉尘浓度有积极影响。

通过对不同采高采场空间内不同粒径颗粒分布分析可知：采高增加，相同产尘强度下作业人员处粉尘浓度逐渐减小，粉尘颗粒分布越趋向于均匀，这再次说明了提高采高对减小作业人员粉尘危害有积极作用。同时，由于高度增加，呼吸性小颗粒粉尘逐渐与大颗粒粉尘分离的分界线越来越明显，大采高顶部呼吸性粉尘占比增加明显。

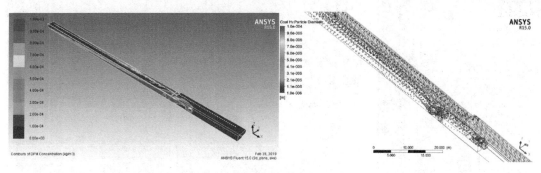

（a）3 m 采高粉尘运移及颗粒分布

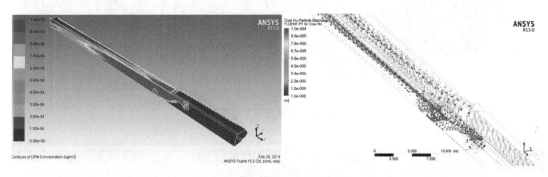

（b）6 m 采高粉尘运移及颗粒分布

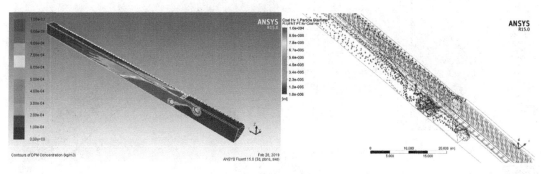

（c）8 m 采高粉尘运移及颗粒分布

图 2-11　不同采高空间粉尘浓度分布

对 8 m 大采高工作面内割煤尘源和支架移架落尘尘源产尘扩散影响分别进行了研究，割煤产尘扩散影响如图 2-12 所示。

滚筒割煤产尘，主要沿刮板机道运动，在采煤机下风侧 10～20 m 位置发生横向扩散，并扩散至支架内人员通道；煤机机身段粉尘未发生横向扩散；而较低采高割煤产尘迅速从采煤机中部位置扩散到作业人员位置，8 m 大采高综采面割煤产尘横向扩散位置明显，与较低采高割煤产尘相比，扩散相对滞后，有较大区别。

支架落尘粉尘扩散对作业人员影响如图 2-13 所示。通过对支架落尘尘源研究发现：支架移架落尘，主要沿采场上半部空间及支架内边缘运移扩散，并且与传统采高相比，支架

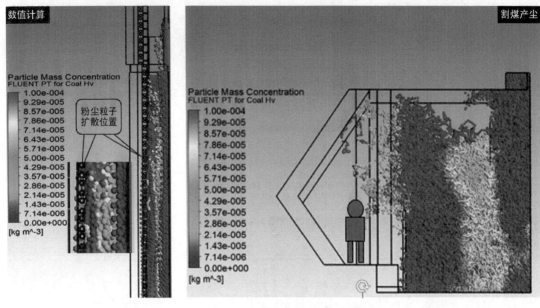

图 2-12　割煤产尘扩散影响

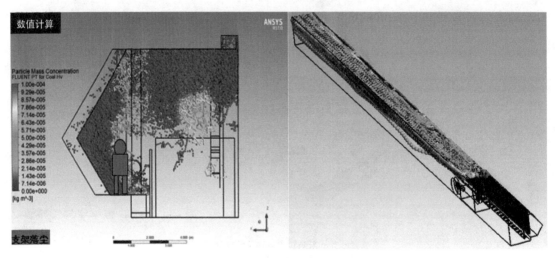

图 2-13　支架移架落尘产尘扩散影响

落尘运移距离明显增加,在支架上部空间粉尘浓度相对较高;在煤机段 10 m 范围内,作业人员位置粉尘全部来源于支架移架产尘,与较低采高时的情况相比粉尘危害来源有较大区别。

2.2　大采高综采面风流与呼吸性粉尘演化规律实测研究

为验证数值计算的准确性,通过现场实测方法对 8 m 大采高综采面呼吸性粉尘进行了测试分析。

（1）测点布置

沿工作面风流方向，在采煤机上风侧 20 m 至机尾 60 m 范围内，每间隔 10 m 测量一组数据，在机尾 60 m 后每间隔 50 m 测量一组数据；顺逆风割煤粉尘浓度测点分布如图 2-14 所示，每个断面测试点布置如图 2-15 所示。

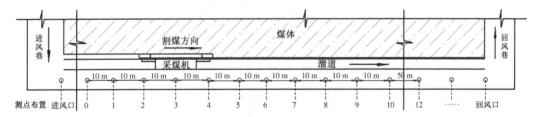

（a）顺风割煤粉尘浓度测点布置图

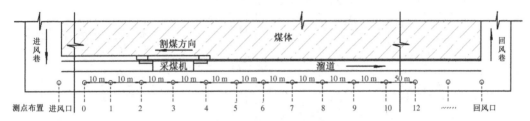

（b）逆风割煤粉尘浓度测点布置图

图 2-14　粉尘浓度测点布置图

（2）测试方法

由于 8 m 大采高综采面受现场条件和安全因素限制，无法在采煤机机道空间进行采样，只在支架内行人道的呼吸带上沿程布置采样点，进行采样分析，因为现场除尘的目的是降低人行道空间的粉尘浓度，所以其分析结果规律能够反映工作面的粉尘污染问题，也可以作为与数值模拟结果进行比较的依据。

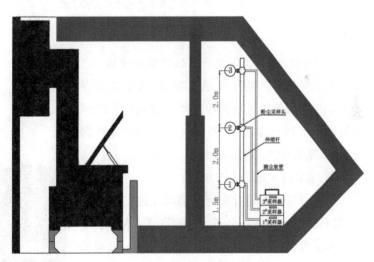

图 2-15　采样点布置断面图

根据数值模拟结果和现场实际情况，将现场测试分为人行侧、割煤侧两部分测试，主要采用 CCZ20A 测试粉尘浓度，采用风速表测试工作面风速分布。

先将安装好滤膜的采样头安装在 6 m 高伸缩杆上，再将各管道用连接头连接好，将测尘软管与采样器联通，固定好位置后，同时开启 1#、2# 和 3# 采样器，同时测试人行道空间距离底座地面 1.5 m、3.5 m、5.5 m 高度空间粉尘浓度，如图 2-16 所示。

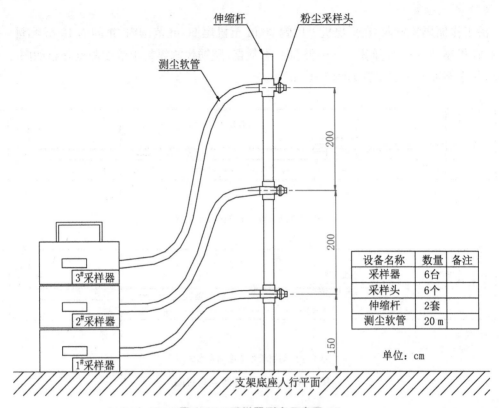

设备名称	数量	备注
采样器	6台	
采样头	6个	
伸缩杆	2套	
测尘软管	20 m	

单位：cm

图 2-16 采样器测尘示意图

（3）风流-呼吸性粉尘分布规律实测分析

根据现场实际情况和测点布置，对补连塔煤矿 12513 综采面风流场和呼吸性粉尘进行了测试分析，共计测试顺逆风割煤 24 刀，测试数据 500 组。现场测试采样如图 2-17 所示。

① 综采面风流场分布规律

通过对采煤机附近采场空间风流速度进行测试，得到综采面风流场分布规律如图 2-18 所示。

测试表明：在采煤机前方 20 m 区域，风速相对比较稳定，风速稳定在 0.7～1.1 m/s 之间，其中中部空间风速最高，下部空间风速最低；随着风流向后流动，越靠近采煤机，风速越大；其中中部空间风速最大，达到 1.7 m/s，增加了 54.5%，下部空间风速由 0.7 m/s 增加到 1.1 m/s，上部空间由 0.9 m/s 增加到 1.2 m/s；风速呈现中间大四周小的趋势，在采煤机机尾处都达到最大；随着风流

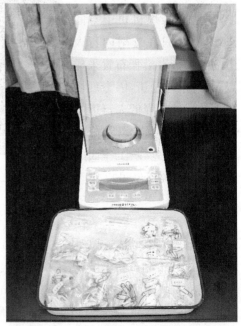

图 2-17 现场粉尘采样测试

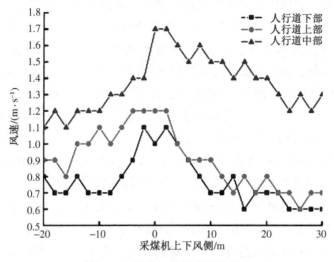

图 2-18 工作面风流场分布规律

进一步向后流动,风速又逐渐减小,风流越过采煤机后迅速降低,最终趋于稳定,中部空间风速稳定在 1.2 m/s 左右,上部和下部空间风速稳定在 0.6~0.7 m/s 之间。

② 综采面呼吸性粉尘分布规律

通过对工作面人行空间下部(人员呼吸带高度)及上部空间呼吸性粉尘(可简称"呼吸尘")浓度进行测试,得到综采面沿风流方向呼吸带高度呼吸性粉尘浓度分布规律,如图 2-19 所示;支架内人员头顶上部空间呼吸性粉尘浓度分布规律如图 2-20 所示。

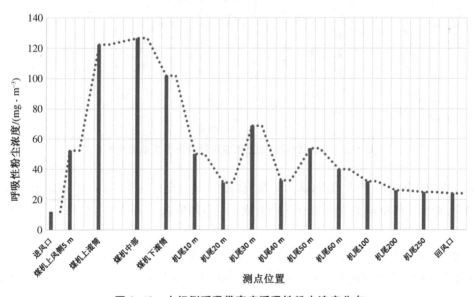

图 2-19 人行侧呼吸带高度呼吸性粉尘浓度分布

通过测试可知:逆风割煤时,在人行空间呼吸带高度位置,粉尘浓度沿风流方向呈现先增大再减小随后小幅增加的趋势。其中在采煤机前方 10 m 位置处,由于支架陆续回收护帮板,采煤机前方煤壁受顶板压力及采煤机前进挤压双重作用,煤壁持续发生垮落,导致大量粉尘产生并随风流横向和纵向扩散,这些粉尘同时与进风风流中粉尘汇聚,致使在采煤机上滚筒位置处呼吸性粉尘浓度由 12.0 mg/m³ 迅速增加至 122.5 mg/m³,在采煤机中部增加到 126.7 mg/m³,粉尘到达机尾下滚筒位置处时,呼吸带高度粉尘浓度开始持续下降,到达机尾 20 m 位置时粉尘浓度又逐渐增加,最大增加到 68.8 mg/m³,在机尾 20 m 至 60 m 之间,呼吸性粉尘浓度在 30~70 mg/m³ 之间持续震荡,机尾 60 m 以后开始持续缓慢下降,最终稳定在 24.0 mg/m³ 左右,粉尘进入到回风风流中。

人行侧上部空间的粉尘呼吸性粉尘浓度与人员呼吸带高度呈现相同的变化趋势,但相对于下部空间,上部空间粉尘浓度变化呈现一定的后移,粉尘浓度最大位置出现在煤机下滚筒至机尾 10 m 位置,这主要是上部空间呼吸性粉尘主要来源于支架移架产尘,最大达到 138.8 mg/m³;在机尾 30 m 至 40 m 区间粉尘浓度有小幅增加,主要是由于机尾后部支架陆续完成移架,作业人员对支架位态进行小幅调整,产生少量粉尘;在煤机机尾 40 m 后粉尘浓度逐渐下降,并逐渐稳定在 20.5 mg/m³ 左右,进入回风流。

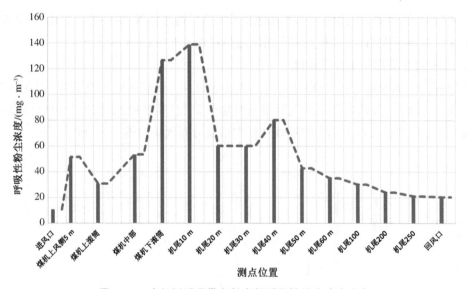

图 2-20　人行侧呼吸带上部空间呼吸性粉尘浓度分布

以采煤机上滚筒位置为原点,选取采煤机前方 20 m 至机尾 60 m 呼吸性粉尘浓度进行数学拟合,得到采煤机前部空间及机尾粉尘浓度与空间位置的关系式,以及呼吸性粉尘时空演化规律。

通过拟合,得到的拟合优度 R^2 达到 0.97 以上,说明拟合曲线与实测曲线相似度较高,可以作为呼吸性粉尘空间演化规律的关系式;呼吸性粉尘浓度与采煤机空间位置的关系式如下:

$$y = 4 \times 10^{-8} x^6 - 7 \times 10^{-6} x^5 + 4 \times 10^{-4} x^4 - 3.1 \times 10^{-3} x^3 - 0.345\,5 x^2 + 4.384\,6 x + 122.13$$
$$R^2 = 0.972\,1$$

其中,y 为呼吸性粉尘浓度;x 为与采煤机上滚筒距离;R^2 为拟合优度。

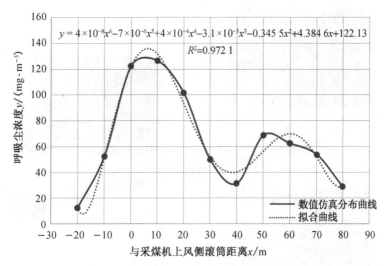

图 2-21　呼吸带高度呼吸性粉尘浓度与空间位置演化关系(煤机前部)

如图 2-21 所示,拟合曲线与实测曲线相似度较高,并且通过对比发现,呼吸性粉尘浓度与工作面空间位置演化关系在趋势上,与数值模拟结果完全相同,关系表达式结构组成也类似,只是在具体数值上数值模拟结果偏大,这主要是由于进行数值模拟计算时,尘源点呼吸性粉尘浓度大小取值是根据现场某个位置断面上几个测点浓度的平均值再反推得到的,这导致数值计算产尘点粉尘质量浓度取值偏高,使得计算结果偏大,但单从演化规律趋势上来看两者是完全符合的,都出现了先升高再降低和二次小幅升高的趋势,数值计算结果与现场实测结果基本吻合。

2.3　综掘面风流-呼吸性粉尘两相流动特性数值研究

(1) 综掘面风流-呼吸性粉尘颗粒两相流动数学模型的构建

采用理论分析、数值模拟、现场实测相结合的综合研究方法,基于集成欧拉双流体模型与拉格朗日离散模型的优点的计算颗粒流体动力学理论,依据"计算颗粒"概念,初步建立适用于采掘面的风流-呼吸性粉尘颗粒两相流动数学模型。

基于该数学模型进行风流-呼吸性粉尘颗粒两相流动数值模拟和现场实测研究,通过分析对比数值模拟和现场实测结果,对数学模型进行多次修正,确保数学模型的合理性和可行性,最终建立采掘面风流-呼吸性粉尘颗粒两相流动数学模型。

(2) 风流-呼吸性粉尘颗粒两相流动数值模拟和现场实测研究

首先,对新元矿 3417 综掘面进行现场实测,设置测点坐标 (X, Y, Z),其中,Y 值为测点距巷道底板的高度,呼吸带高度取 1.55 m,测点坐标可表示为 ♯A$(X_d, 1.55, 0.7)$ 以及 ♯B$(X_d, 1.55, 4.5)$,得到风流及呼吸性粉尘浓度数据(图 2-22)。

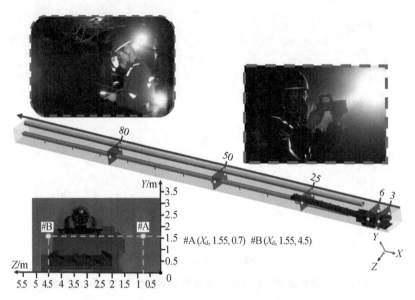

图 2-22　综掘工作面呼吸性粉尘浓度现场实测图

随后,将现场参数输入 FLUENT 数值模拟软件,采用初步建立的风流-呼吸性粉尘颗粒两相流动数学模型,进行风流-呼吸性粉尘颗粒两相流动数值模拟研究,分析模拟结果,得到风流及呼吸性粉尘浓度数据(图 2-23)。

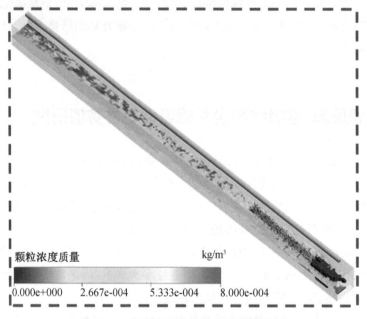

图 2-23　各测点呼吸性粉尘浓度模拟图

分别对数值模拟值和现场实测值进行对比分析,通过相对误差参数,对数学模型进行多次修正,最终结果为:呼吸性粉尘浓度数值模拟值与现场实测值的相对误差范围为

$0.93\%\sim11.15\%$，误差平均值小于5%，误差较小，确保了数学模型的合理性和可行性，最终得到适用于新元矿综掘面的风流-呼吸性粉尘颗粒两相流动数学模型(表2-2)。

表 2-2　综掘工作面呼吸性粉尘浓度测量相对误差表

测量面测点	呼吸性粉尘浓度	测尘断面距迎头距离/m				
		3	6	25	50	80
测量点#A $(X_d, 1.55, 0.7)$	现场测量数据/$(mg \cdot m^{-3})$	200	383.9	554.3	442.8	427.9
	数值模拟数据/$(mg \cdot m^{-3})$	211.7	341.1	523.9	454.6	423.9
	相对误差/%	5.85	11.15	5.48	2.66	0.93
测量点#B $(X_d, 1.55, 4.5)$	现场测量数据/$(mg \cdot m^{-3})$	211.8	347.9	535.8	478.9	469.8
	数值模拟数据/$(mg \cdot m^{-3})$	207.7	363.8	557.6	455.7	445.9
	相对误差/%	1.94	4.57	4.07	4.84	5.09

(3)综掘面风流-呼吸性粉尘颗粒两相流动数学模型

依据多次现场实测和试模拟比对结果，结合现场实际情况，反复修正数学模型，分别构建出适用于新元矿综掘面的气相风流和固相呼吸性粉尘颗粒流运动方程。

a. 气相风流运动方程

针对气相风流在巷道中的运移情况，采用Realizable κ-ε 模型进行分析。这是由于在整个巷道内的风流运动为湍流运动，湍流强度大小的分布不平衡会产生雷诺应力，而Realizable κ-ε 模型可通过对雷诺应力进行约束来提高计算结果的精确度，更好地分析混合流场中风流的运动情况。

当前在综掘工作面风流场计算中采用最多的是经Launder和Spalding修正后的高雷诺数 κ-ε 模型。在低湍流雷诺数下，该 κ-ε 模型同其他湍流模型一样有局限性。多数室内空气的湍流雷诺数较低，模拟的结果与实验结果相比有偏差。但总的来说，在这一领域中，κ-ε 模型还是优于其他模型，因此，本书采用 κ-ε 双方程模型。

湍流动能方程(κ 方程)：

$$\frac{\partial(\rho\kappa)}{\partial t}+\frac{\partial(\rho\kappa u_i)}{\partial x_i}=\frac{\partial}{\partial x_j}\left[\left(\mu+\frac{\mu_t}{\sigma_\kappa}\right)\frac{\partial\kappa}{\partial x_j}\right]+G_\kappa-\rho\varepsilon \tag{2-1}$$

湍流能量耗散率方程(ε 方程)：

$$\frac{\partial(\rho\varepsilon)}{\partial t}+\frac{\partial(\rho\varepsilon u_i)}{\partial x_i}=\frac{\partial}{\partial x_j}\left[\left(\mu+\frac{\mu_t}{\sigma_\varepsilon}\right)\frac{\partial\varepsilon}{\partial x_j}\right]+\rho C_1 E\varepsilon-\rho C_2\frac{\varepsilon^2}{\kappa+\sqrt{\nu\varepsilon}} \tag{2-2}$$

式中：$C_1=\max\left(0.43,\frac{\eta}{\eta+5}\right)$，$\eta=E\frac{\kappa}{\varepsilon}$；$C_2$ 为常数；$E=\sqrt{2E_iE_j}$；G_κ 为由平均运动速度梯度引起的湍流动能生成项，$G_\kappa=\mu_t E^2$；σ_κ、σ_ε 分别为 κ 方程和 ε 方程的湍流普朗特数。在计算中取经验值 $C_2=1.9$，$\sigma_\kappa=1.0$，$\sigma_\varepsilon=1.2$。

式(2-1)、(2-2)中，μ_t 按下式计算：

$$\mu_t = \rho C_\mu \frac{\kappa^2}{\varepsilon} \tag{2-3}$$

式中：C_μ 不再是常量(在标准 κ-ε 模型中，C_μ 一般取经验值 0.09)，而是与平均应变化率和湍流流场(κ 和 ε) 等有关的一个函数，可按下式计算：

$$C_\mu = \frac{1}{A_0 + A_s U^* \kappa/\varepsilon} \tag{2-4}$$

式中：$A_0 = 4.0$；$A_s = \sqrt{6}\cos\phi$，$\phi = \dfrac{1}{3}\arccos(\sqrt{6}W)$；$W = \dfrac{E_{ij}E_{jk}E_{kj}}{(E_{ij}E_{ij})^{3/2}}$；$E_{ij} = \dfrac{1}{2}\left(\dfrac{\partial u_i}{\partial x_j} + \dfrac{\partial u_j}{\partial x_i}\right)$；$U^* = \sqrt{E_{ij}E_{ij} + \Omega_j\Omega'_{ij}}$；$\Omega_{ij} = \bar{\Omega}_{ij} - \varepsilon_{ij\kappa}\omega_\kappa$；$\Omega'_{ij} = \Omega_{ij} - 2\varepsilon_{ij\kappa}\omega_\kappa$；这里的 $\bar{\Omega}_{ij}$ 是从角速度为 ω_κ 的参考系中观察到的时均转动率张量，对于无旋转流场，上述 U^* 计算式根号中的第二项为 0，这一项引入了旋转的影响，是该模型的特点之一。

b. 固相呼吸性粉尘颗粒流运动方程

事实上，综掘面掘进机截割产尘及呼吸性粉尘的弥散过程同时具有普通气溶胶与离散颗粒流的特征。综掘工作面气载呼吸性粉尘颗粒两相流动为湍流两相流，对于湍流两相流，须求出时平均守恒方程组。将各瞬时量分解为时均量及脉动量，即取：$\rho = \bar{\rho} + \rho'$，$\nu_i = \bar{\nu}_i + \nu'_i$，$\nu_j = \bar{\nu}_j + \nu'_j$，$T = \bar{T} + T'$，$n_k = \bar{n}_k + n'_k$，$\nu_{ki} = \bar{\nu}_{ki} + \nu'_{ki}$，$\nu_{kj} = \bar{\nu}_{kj} + \nu'_{kj}$，$T_k = \bar{T}_k + T'_k$，$m_k = \bar{m}_k$。

k 种颗粒相连续方程：

$$\frac{\partial \rho_k}{\partial t} + \frac{\partial}{\partial x_j}(\rho_k \nu_{kj}) = S_k \tag{2-5}$$

k 种颗粒相动量方程：

$$\frac{\partial}{\partial t}(\rho_k \nu_{ki}) + \frac{\partial}{\partial x_j}(\rho_k \nu_{kj}\nu_{ki}) = \rho_k g_i + \frac{\rho_k}{\tau_{rk}}(\nu_i - \nu_{ki}) + \nu_i S_k + F_{k,Mi} \tag{2-6}$$

k 种颗粒相能量方程：

$$\frac{\partial}{\partial t}(\rho_k c_k T_k) + \frac{\partial}{\partial x_j}(\rho_k \nu_{kj}c_k T_k) = n_k(Q_h - Q_k - Q_{rk}) + c_p T S_k \tag{2-7}$$

流体连续方程：

$$\frac{\partial \rho}{\partial t} + \frac{\partial}{\partial x_j}(\rho \nu_j) = S \tag{2-8}$$

流体动量方程：

$$\frac{\partial}{\partial t}(\rho \nu_i) + \frac{\partial}{\partial x_j}(\rho \nu_j \nu_i) = -\frac{\partial p}{\partial x_i} + \frac{\partial \tau_{ji}}{\partial x_j} + \nabla \rho g_i + \sum_k \frac{\rho_k}{\tau_{rk}}(\nu_{ki} - \nu_i) + \nu_i S + F_{Mi} \tag{2-9}$$

流体能量方程：

$$\frac{\partial}{\partial t}(\rho c_p T) + \frac{\partial}{\partial x_j}(\rho v_j c_p T) = \frac{\partial}{\partial x_j}\left(\lambda \frac{\partial T}{\partial x_j}\right) + w_s Q_s - q_r + \sum n_k Q_k + c_p TS \quad (2\text{-}10)$$

首先将颗粒相的瞬时守恒方程组式将 $\rho_k = n_k m_k$ 代入式（2-5）至（2-10）后展开，并将各项均除以 m_k，可得如下形式的颗粒瞬时守恒方程组：

$$\frac{\partial n_k}{\partial t} + \frac{\partial}{\partial x_j}(n_k v_{kj}) = 0 \quad (2\text{-}11)$$

$$\frac{\partial}{\partial t}(n_k v_{kj}) + \frac{\partial}{\partial x_j}(n_k v_{kj} v_{ki}) = n_k g_i + n_k (v_i - v_{ki})/\tau_{rk} + (v_i - v_{ki}) n_k m_k / m_k + F_{k,\,Mi}/m_k$$

$$(2\text{-}12)$$

$$\frac{\partial}{\partial t}(n_k c_k T_k) + \frac{\partial}{\partial x_j}(n_k v_{kj} c_k T_k) = n_k (Q_h - Q_k - Q_{rk})/m_k + (c_p T - c_k T_k) n_k m_k / m_k$$

$$(2\text{-}13)$$

综掘工作面湍流气载呼吸性粉尘颗粒两相流的时均方程组：

流体相连续方程：

$$\frac{\partial \rho}{\partial t} + \frac{\partial}{\partial x_j}(\rho v_j) = -\frac{\partial}{\partial x_j}(\overline{\rho' \bar{v}_j'}) + S - \sum \overline{n_k' \bar{m}_k'} \quad (2\text{-}14)$$

颗粒相连续方程：

$$\frac{\partial \rho_k}{\partial t} + \frac{\partial}{\partial x_j}(\rho_k v_{kj}) = S_k - \frac{\partial}{\partial x_j}(\overline{\rho_k' \bar{v}_{kj}'}) + \overline{n_k' \bar{m}_k'} \quad (2\text{-}15)$$

$$\frac{\partial n_k}{\partial t} + \frac{\partial}{\partial x_j}(n_k v_{kj}) = -\frac{\partial}{\partial x_j}(\overline{n_k' \bar{v}_{kj}'}) \quad (2\text{-}16)$$

流体相动量方程：

$$\frac{\partial}{\partial t}(\rho v_i) + \frac{\partial}{\partial x_j}(\rho v_j v_i) = -\frac{\partial p}{\partial x_i} + \frac{\partial \tau_{ji}}{\partial x_j} + \Delta\rho g_i + \sum \rho_k (v_{ki} - v_i)/\tau_{rk} + v_i S + F_{Mi} -$$

$$\frac{\partial}{\partial x_j}(\rho \overline{v_j' v_i'} + v_i \overline{\rho' \bar{v}_j'} + v_j \overline{\rho' \bar{v}'} + \overline{\rho' \bar{v}_j' \bar{v}_i'}) + \sum \frac{m_k}{\tau_{rk}}(\overline{n_k' \bar{v}_{ki}'} - \overline{n_k' \bar{v}_i'}) -$$

$$v_i \sum \overline{n_k' \bar{m}_k'} - \sum n_k \overline{v_i' \bar{m}'} - \sum \dot{m}_k \overline{n_k' \bar{v}_{ki}'} - \sum \overline{v_i' n_k' \bar{m}_k'}$$

$$(2\text{-}17)$$

颗粒相动量方程：

$$\frac{\partial}{\partial t}(n_k \nu_{ki}) + \frac{\partial}{\partial x_j}(m_k \nu_{kj} \nu_{ki}) = n_k g_i + n_k(\nu_i - \nu_{ki})/\tau_{rk} + (\nu_i - \nu_{ki})n_k m_k/m_k + F_{Mi}/m_k -$$

$$\frac{\partial}{\partial x_j}(n_k \overline{\nu'}_{kj}\overline{\nu'}_{ki} + \nu_{kj}\overline{n'_k \nu'}_{ki} + \nu_{ki}\overline{n'_k \nu'}_{kj} + \overline{n'_k \nu'_{kj}\nu'}_{ki}) +$$

$$(\overline{n'_k \nu'}_i - \overline{n'_k \nu'}_{ki})/\tau_{rk} + (\nu_i \overline{n'_k \overline{m'}_k} + n_k \overline{\nu'_i \overline{m'}_k} +$$

$$\dot{m}_k \overline{n'_k \nu'}_i + \bar{n}_k \overline{\nu'_i \overline{m'}_k} - \nu_{ki}\overline{n'_k \overline{m'}_k} - n_k \overline{\nu'_{ki}\overline{m'}_k} - \dot{m}_k \overline{n'_k \nu'}_{ki} -$$

$$\bar{n}_k \overline{\nu'_{ki}\overline{m'}_k})/m_k - \frac{\partial}{\partial t}(\overline{n'_k \nu'}_{ki})$$

$$\text{(2-18)}$$

流体相能量方程:

$$\frac{\partial}{\partial t}(\rho c_p T) + \frac{\partial}{\partial x_j}(\rho \nu_i c_p T) = \frac{\partial}{\partial x_j}\left(\lambda \frac{\partial T}{\partial x_j}\right) + w_s Q_s - q_r + \sum n_k Q_k + c_p TSc_p T \sum \overline{n'_k \overline{m'}_k} -$$

$$c_p \sum n_k \overline{T'\overline{m'}_k} - c_p \sum m_k \overline{n'_k T'} - \frac{\partial}{\partial t}(c_p \overline{\rho'T'}) - \frac{\partial}{\partial x_j}(\rho c_p \overline{\nu'_j T'} +$$

$$\nu_j c_p \overline{\rho'T'} + c_p T \overline{\rho'\nu'}_j + c_p \overline{\rho'\nu'_j T'})$$

$$\text{(2-19)}$$

颗粒相能量方程:

$$\frac{\partial}{\partial t}(n_k c_k T_k) + \frac{\partial}{\partial x_j}(n_k \nu_{kj} c_k T_k) = \frac{n_k(Q_h - Q_k - Q_{rk})}{m_k} + \frac{(c_p T - c_k T_k)n_k m_k}{m_k} - \frac{\partial}{\partial t}(c_k \overline{n'_k T'_k}) -$$

$$\frac{\partial}{\partial x_j}(n_k c_k \overline{\nu'}_{kj}\overline{T'}_k + c_k \nu_{kj}\overline{n'_k T'_k} + c_k T_k \overline{n'_k \nu'}_{kj} + c_k \overline{\nu'_{kj}\overline{m'}_k T'_k}) +$$

$$(c_p T \overline{n'_k \overline{m'}_k} + c_p n_k \overline{T'\overline{m'}_k} + c_p m_k \overline{n'_k T'}) + c_p \overline{n'_k T'\overline{m'}_k}/m_k -$$

$$(c_k T_k \overline{n'_k \overline{m'}_k} + c_k n_k \overline{T'_k \overline{m'}_k} + c_k \dot{m}_k \overline{n'_k T'_k} + c_k \overline{n'_k T'_k \overline{m'}_k})/m_k$$

$$\text{(2-20)}$$

式(2-14)~(2-20)描述了综掘工作面气载呼吸性粉尘颗粒湍流两相流动数学模型,该模型是不封闭的。可用不同的湍流两相流模型对其进行简化,或者采用模拟封闭法,以解决问题。对有旋颗粒,还要考虑颗粒旋动量的守恒关系。无脉动的单个颗粒的旋动量守恒关系为:

$$\frac{d\omega_{pi}}{dt_k} = (Q_{gi} - \omega_{pi})/\tau_{rk,\omega} \tag{2-21}$$

$$\frac{d}{dt_k} = \frac{\partial}{\partial t} + \nu_{kj} \cdot \frac{\partial}{\partial x_j}, \ \tau_{rk,\omega} = \frac{\bar{\rho}_p d_k^2}{60\mu} \tag{2-22}$$

上述方程组采用 Realizable κ-ε 模型封闭。

（4）物理模型的构建

根据 3417 掘进巷道的布置情况,以迎头为起点,向后选取 110 m 作为主要研究区间,利用 SolidWorks 三维建模软件构建等比例物理模型,将掘进巷道内的各部分组成及相应的空间位置关系做出清晰展示。物理模型主要包括掘进巷道、掘进机、转载机、输送机以及压风风筒等。其中掘进巷道用长 110 m、宽 5.2 m、高 3.2 m 的长方体表示,掘进机为 EBZ-220 型掘进机,转载机为 QZP-160 型桥式转载机,输送机为 DSJ-800 型胶带输送机,压风风筒为直径 1 000 mm 的阻燃抗静电风筒,压风量为 500 m³/min(图 2-24)。

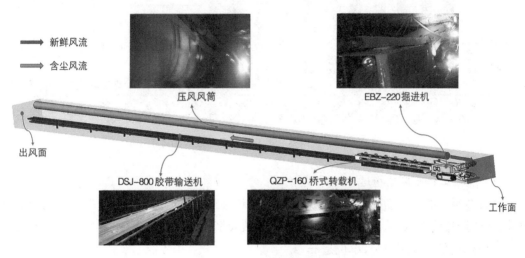

图 2-24　物理模型构成图

利用 ICEM-CFD 前处理软件对构建好的物理模型进行网格划分,采用能够较好填充流体域的四面体网格对模型进行填充,并重点对难以划分的区域进行局部区域网格划分,划分结果如图 2-25 所示。本次网格划分得到的网格总数为 3 231 792,通过网格优化处理,可得到最大网格质量为 0.999 5,最小网格质量为 0.013 1,平均网格质量为 0.707 0。通过对所划分网格的质量及数目分布情况进行整理分析,可得到以下结论:网格质量 ≥0.4 的网格数占网格总数的 99.52%,大部分网格质量集中在 0.4~1.0 的范围内,分布比较稳定,模型成型度较高,符合 3417 掘进巷道风流-呼吸性粉尘耦合的数值模拟要求,如图 2-26 所示。

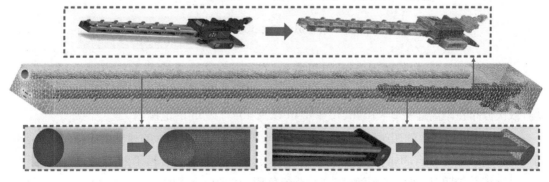

图 2-25　物理模型网格划分结果图

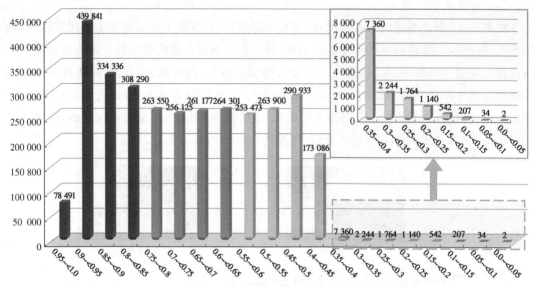

图 2-26　网格质量及数目分布统计图

（5）综掘工作面风流场运移规律模拟

掘进巷道内的风流场模拟情况用风流整体运移迹线图表示，如图 2-27 所示。为促进可视化，风流用流线表示，风流方向用箭头表示，流线及箭头的颜色表示速度的大小，大小按照彩虹条所示的颜色顺序规定，单位是 m/s。

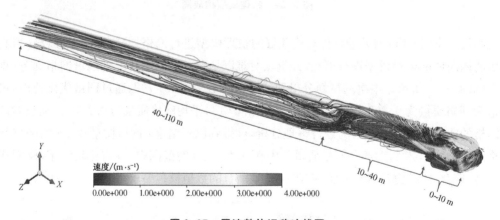

图 2-27　风流整体运移迹线图

通过对模拟结果进行整理分析，可以发现：依据风流速度变化的主要特征，可将整个巷道内的风流划分为三个风流场区段："三角形"回转涡流场、"弧扇状"风流场以及平稳风流场，依次分布在距离迎头 0～10 m、10～40 m 以及 40～110 m 的范围内。

① 在风流场形成的初始阶段，高速射流自压风筒以 11.03 m/s 的速度射出，在到达迎头前，受卷吸效应的影响，不断将沿程的空气吸入其中，致使流量沿程不断增加，断面不断扩大，风流扩散较明显；当射流到达迎头时，受空气阻力的限制，速度已减小至 3.2 m/s；在射流

射向迎头后,由于在经过截割头时发生绕流,风流速度出现小幅提升,达到 4.83 m/s。在此之后,受迎头空间的限制,风流在撞击迎头及巷道右侧壁面后,形成逆向迎头的回流风流,继续向巷道后方运移。

② 在距离迎头 0～10 m 范围内,风流呈"三角形"状分布。由于压风筒持续不断地向迎头射出高速射流,自风筒压风面到迎头范围内会由于卷吸作用形成一定的负压区,当回流风流经过该区域时,一部分风流受负压的影响,向巷道左侧靠近,与高速射流叠加形成二次射流,以 8.9 m/s 的速度再次射向迎头,形成"三角形"回转涡流场。另一部分回流风流以 2.62 m/s 的速度继续向巷道后方运移,如图 2-28 所示。

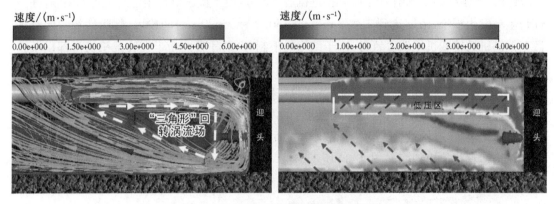

图 2-28　"三角形"回转涡流场示意图

③ 在距离迎头 10～40 m 范围内,风流呈"弧扇状"分布。经过"三角形"回转涡流场的回流风流受附壁效应的影响,沿巷道顶板以 2.16 m/s 的平均速度向后运移,随后撞击压风筒与左侧壁面间隙并继续向后及向下运移,此时风流的平均速度为 1.85 m/s,最终形成"弧扇状"风流场,如图 2-29 所示。

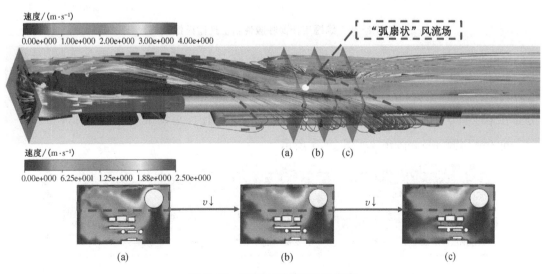

图 2-29　"弧扇状"风流场示意图

④ 距离迎头 40~110 m 范围内,风流以相对稳定的速度向巷道后方运移,此时风速保持在 0.6 m/s 左右,形成平稳风流场。

2.4 综掘工作面呼吸性粉尘分布时空演化规律

(1) 呼吸性粉尘运移规律模拟分析

在掘进工作开始后,掘进所产生的呼吸性粉尘从迎头开始向巷道内扩散。当 $T=5$ s 时,呼吸性粉尘已经在风流的作用下吹到掘进机后方区域,由于掘进机行走空间位置的限制,呼吸性粉尘易发生积聚,浓度达到 154.2 mg/m³。在 $T=5\sim20$ s 时间段内,呼吸性粉尘已经扩散至掘进机后转载机尾端位置处,由于结构的限制,少量呼吸性粉尘在转载机机身部以及转载机与皮带输送机接触位置处发生沉积,并且随着时间的增加,粉尘浓度持续上升,达到 311.6 mg/m³。在 $T=20\sim90$ s 时间内,呼吸性粉尘在反向风流的带动下继续向巷道后侧运移,由于后侧布置设备较少,巷道空间空旷,风流运移较为平缓,当 $T=87$ s 时,呼吸性粉尘扩散至整个巷道,呼吸性粉尘污染扩散距离满足 $L=-0.0079T^2+1.8263T+7.3269$。呼吸性粉尘运移规律模拟图如图 2-30 所示。

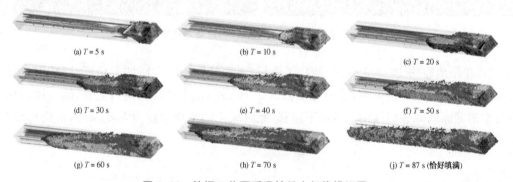

图 2-30 综掘工作面呼吸性粉尘规律模拟图

在 $T=185$ s 时,呼吸性粉尘浓度整体达到平衡,呈"三带"分布,分别为:相对低浓度呼吸性粉尘作业带、相对高浓度呼吸性粉尘作业带以及相对中等浓度呼吸性粉尘作业带,分别分布在距迎头 $0\sim10$ m、$10\sim65$ m 以及 $65\sim110$ m 范围内,平均浓度分别为 436 mg/m³、547 mg/m³ 以及 485 mg/m³,如图 2-31 所示。

图 2-31 综掘工作面呼吸性粉尘"三带"分布示意图

（2）重点区域呼吸性粉尘运移及浓度分布规律

掘进机司机位置处，由于处于涡流场中，呼吸性粉尘浓度波动很大，在 $T=175$ s 时趋于稳定，相对呼吸性粉尘浓度为 441 mg/m³，波动范围为 380～510 mg/m³，如图 2-32 所示。

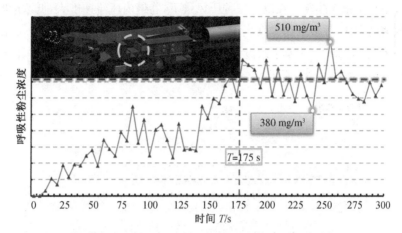

图 2-32　掘进机司机位置呼吸性粉尘浓度变化图

呼吸带高度处，在 $T=104$ s 时，呼吸性粉尘刚好扩散至整个巷道中，扩散距离满足拟合公式 $L_{呼吸带}=-0.003\,9T^2+1.382\,5T+5.782$。当压风量 $Q=500$ m³/min 时，掘进机司机以及呼吸带位置处呼吸性粉尘运移速度较慢，整体浓度很高，对工人健康损害较大，如图 2-33 所示。

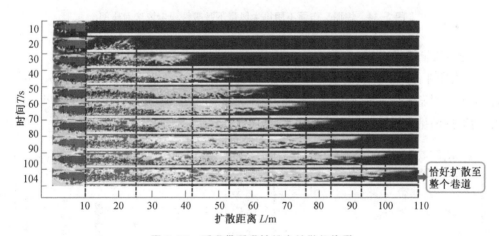

图 2-33　呼吸带呼吸性粉尘扩散规律图

（3）综掘工作面排尘风量的优选

① 不同排尘风量下呼吸性粉尘浓度分布模拟

a. 压风量 $Q=200$ m³/min、300 m³/min 以及 400 m³/min 时，相对于原压风量，掘进巷道内的排尘效果并不理想。在以上三种压风量下，由于巷道内风流速度较小，低浓度呼吸性粉尘区的粉尘扩散速度十分缓慢,积聚现象十分严重。在 $T=300\ \text{s}$ 时,呼吸性粉尘浓度依然没有达到较为稳定的状态,而是保持着上升的趋势。

b. 压风量 $Q=600\ \text{m}^3/\text{min}$、$700\ \text{m}^3/\text{min}$ 以及 $800\ \text{m}^3/\text{min}$ 时,相对于原压风量,掘进巷道内的排尘效果有了很大改善。在以上三种压风量下,巷道内风流速度大,低浓度呼吸性粉尘区的粉尘扩散速度很快,呼吸性粉尘发生积聚的时刻较晚。在 $T=161\ \text{s}$、$153\ \text{s}$ 以及 $139\ \text{s}$ 时,三种压风量下巷道内的呼吸性粉尘浓度达到稳定状态,分别为 $342.5\ \text{mg/m}^3$、$330.9\ \text{mg/m}^3$ 以及 $318.2\ \text{mg/m}^3$,如图 2-34 所示。

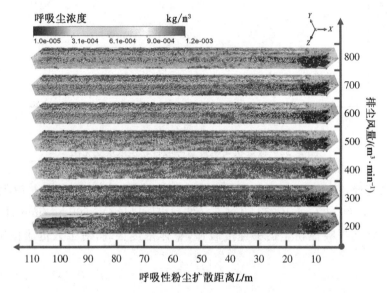

图 2-34　综掘工作面不同排尘风量下呼吸性粉尘浓度对比图

② 排尘风量的优选

从工人职业健康的角度出发,压风量越大,排尘效果越理想,当压风量大于 $500\ \text{m}^3/\text{min}$ 时,排尘效果明显优于其他压风量。然而,当压风量增加至 $600\ \text{m}^3/\text{min}$ 后,随着风量进一步增大,巷道内的排尘效果并没有明显增强,如图 2-35 所示。

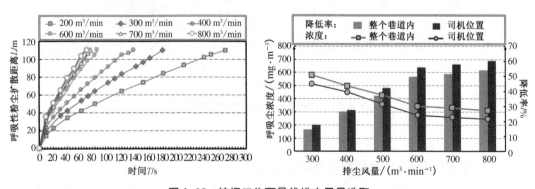

图 2-35　综掘工作面最优排尘风量选取

第三章　大采高综采面分尘源分区封闭防尘技术及装备

3.1　远射程低耗水型气水喷雾器研究

3.1.1　技术原理

气水喷嘴主要由进水端口、进气端口、气水混合室、气流通道及水流通道5部分组成,如图3-1所示。其技术原理是:一定压力的水和气体分别从进水端口、进气端口进入,水流在高速气流作用下破碎成包含大量微小气泡的液丝或液线,多股气流和单股水流在气水混合室内形成稳定的气泡两相流动,混合体经喷嘴高速喷出时,由于混合体的体积膨胀和流体搅动作用以及周围空气的卷入,水被雾化成许多微细的水粒。

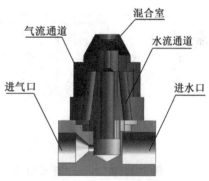

图 3-1　气水喷嘴结构图

3.1.2　技术方案

本次研究拟首先通过理论分析确定气水喷嘴类型,即是内混式还是外混式,得到气水喷嘴设计的结构参数,再基于已有的气水喷嘴数据和文献资料确定需要开展研究的关键结构参数,试制样品。建立试验系统测试不同结构喷嘴在不同气压、水压条件下的雾化特性及有效射程,得到射程满足8 m以上喷嘴的结构参数;再根据神东矿区综采工作面原始粉尘浓度、吨煤水分增量要求、粉尘粒度分布、供水供气条件、雾流覆盖范围要求等数据,基于上述研究基础数据设计单喷嘴式或多喷嘴组合式气水喷雾器。具体技术路线如图3-2所示。

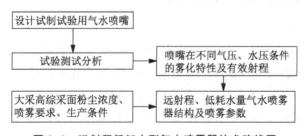

图 3-2　远射程低耗水型气水喷雾器技术路线图

3.1.3 气水喷雾器结构设计及试制

通过现场调研,得到补连塔煤矿采煤机逆风割煤时采煤机下风侧 5 m 处的总粉尘浓度为 195 mg/m³,呼吸性粉尘浓度为 61.9 mg/m³,呼吸性粉尘占总粉尘的比例为 31.75%,计算得到粉尘平均中位径约为 16.8 μm,综合考虑碰撞凝结和雾粒气化因素,初步确定最佳喷雾粒径为 50 μm,该粒径的雾粒在温度为 20℃,空气相对湿度为 80% 的情况下可存在的时间是 10.93 s,通过计算得到喷雾总的耗水量约为 22.5~30.0 L/min。初步确定喷雾射程达到 8 m,使用组合喷雾架型式,实现风水联动,在工业性阶段采用手动控制方式,并以此作为气水雾化喷嘴初选的依据。本课题拟选用内混式结构的气水喷嘴(喷头压力≥0.1 MPa),气液两相在气水喷嘴内的混合室内先掺混和局部雾化,然后由喷嘴口射出继续雾化,气水喷嘴具有雾化效果好,喷射距离远的特点,且内混式空气雾化喷嘴结构简单、加工制造要求不高、不易堵塞,在工程中被广泛应用,气水喷嘴典型的结构参数如图 3-3 所示。

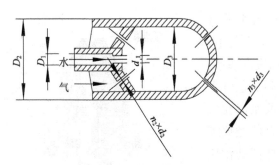

图 3-3 典型内混式喷嘴结构参数示意图

图 3-4 试制气水喷嘴实物图

影响内混式雾化效果的结构参数较多,主要包括 D_1、D_2、D_3、d_1、d_2、d_3、n_2、n_3 等。通过前期大量试验发现,气水喷嘴的 d_1、d_2、d_3 三个参数对雾化效果影响最大。因此,本次研究将 d_1、d_2、d_3 作为关键参数进行试验研究,通过试制不同结构参数的喷嘴,详细分析其对气水喷嘴的射程、耗气量、雾化效果的影响,以此确定最佳雾化效果下的气水喷嘴结构参数。试制喷嘴中,d_1 取 3 mm、4 mm 和 5 mm;d_2 取 3 mm、4 mm 和 5 mm;d_3 取 4 mm、5 mm 和 6 mm,共计 27 种结构种类,如图 3-4 所示。

3.1.4 气水喷雾器雾化效果实验室试验

(1)试验方案设计

选取部分试制的喷嘴进行实验室试验,本次试验通过初选最终选取了 6 种具有代表性的气道直径、水道直径以及空气帽直径各不同的喷嘴,其具体参数如表 3-1 所示。本次试验共设计三组试验。第一组试验,利用气压流量计测试喷嘴在不同气压下的耗气量;第二组试验,利用相机拍摄不同气压下的稳定的喷射状态,然后通过图像处理得出不同气压下不同参数喷嘴的射程;第三组试验,通过自行搭建试验平台,利用中煤科工集团重庆研究院有限公司"煤矿职业病危害分析鉴定实验室"中组成设备相位多普勒激光测速仪来分析不同参数喷嘴的雾化效果。

表 3-1　喷嘴参数

序号	气道直径 d_1/mm	水道直径 d_2/mm	空气帽直径 d_3/mm
喷嘴 1	3	4	4
喷嘴 2	3	4	5
喷嘴 3	3	4	6
喷嘴 4	4	5	4
喷嘴 5	4	5	5
喷嘴 6	4	5	6

（2）试验系统搭建

本次试验的喷雾雾化参数测试系统如图 3-5 所示。该系统主要由多普勒激光测速仪、喷雾巷道、空压机、泵站、水箱、流量阀等组成。喷雾巷道由入口段、测量段、喷雾段、风机段、出流段组成。高压泵将水箱内的水加压到一定压力后输送至巷道模型喷雾段内部的喷嘴使之形成喷雾场，用多普勒粒度分析仪分析喷雾场的粒径分布情况。

试验过程中水压取 0.4 MPa，气压取 0.2 MPa、0.4 MPa、0.6 MPa、0.8 MPa、1.0 MPa，单个喷嘴的测试次数为 24 次。主要测试参数包括耗气量、有效射程等，测试系统实物图如图 3-6 所示。

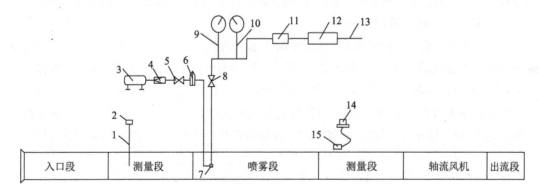

1—毕托管；2—风速仪；3—空气压缩机；4—减压阀；5—流量调节阀；6—质量流量计；7—空气雾化喷嘴；
8—流量调节阀；9—数字式压力表；10—电磁流量计；11—储水箱；12—高压水泵；13—接市政自来水管；
14—激光发射器、接收器；15—多普勒粒度分析仪

图 3-5　气水喷嘴雾化特性参数测试系统图

（3）试验结果分析

① 不同气压下的喷嘴耗气量分析

通过实验室试验，得出不同结构参数喷嘴在水压为 0.4 MPa，气压在 0.1～1.1 MPa 范

图 3-6 气水喷嘴雾化特性参数测试系统实物图

围变化时喷嘴耗气量的变化情况,结果如图 3-7 所示。从图中可以看出,在水压一定时,随着气压升高,喷嘴的耗气量逐渐增加。气压与喷嘴耗气量成线性正比关系。对比喷嘴 1、2、3 发现,喷嘴气道直径和水道直径一定时,空气帽直径与耗气量成正比。对比喷嘴 1 和 4,可以得出,喷嘴空气帽直径一定时,气道直径和水道直径越大,耗气量越大。由于煤矿井下供气压力有限,故应该合理控制喷嘴的参数,以期在较小供气压力下,获得较好的雾化效果。

② 不同气压下的喷雾射程分析

通过实验室试验,得出不同结构参数喷嘴在水压为 0.4 MPa,气压在 0.1～1.1 MPa 范围变化时喷嘴射程的变化,结果如图 3-8 所示。从图中可以看出,在水压一定时,随着气压升高,喷嘴的射程逐渐增加,气压与喷嘴射程成线性正比关系。对比喷嘴 1、2、3 发现,喷嘴气道直径和水道直径一定时,空气帽直径与射程成正比,当气压为 1.1 MPa 时,喷嘴 6 的射程能达到 11 m。故在井下使用压气喷雾时,应尽量提高供气压力,以提高喷雾影响范围。

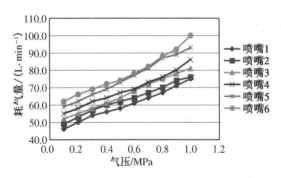

图 3-7 不同气压下不同结构参数喷嘴的
耗气量变化曲线

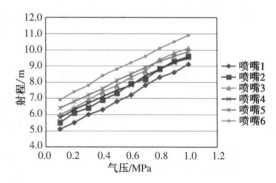

图 3-8 不同气压下不同结构参数喷嘴的
射程变化曲线

③ 雾化效果分析

喷嘴喷雾形成的雾场是由大小不等的雾滴群颗粒组成,为描述和评价雾滴群的雾化质量和表示其雾化特性,需采用液滴尺寸分布表达式来衡量颗粒直径大小或者不同直径颗粒的数量或质量。评价液滴粒径的表示方法很多,本试验选取具有代表行的参数 D_{10}, D_{30}, D_{32}, D_{43} 进行表述。其中 D_{10} 为数量平均直径,表示将所有雾滴的粒径之和除以雾滴总数所得的平均粒径;D_{30} 为体积平均直径,表示具有此直径的雾滴,其体积恰好等于所有雾滴的体积平均值;D_{32} 为 Sauter 平均直径,表示具有此直径的雾滴,其比表面(单位体积颗粒的表面积)恰好等于所有雾滴的比表面平均值;D_{43} 为现有的激光粒径分析系统上经常用到的平均直径。

表 3-2 为不同结构参数喷嘴的物化特性参数。由于试验过程中测试数量较多,此次仅对试验条件为气压 0.4 MPa,水压 0.4 MPa 时,喷嘴出口中心轴线方向距离喷嘴出口 1～1.4 m 范围的粒径进行分析。从表 3-2 可以看出,在相同水压、气压、流量情况下,喷嘴的结构参数对其雾化特性影响较大。分别对比喷嘴 1、2、3 与 4、5、6 可以发现,随着喷嘴空气帽直径增加,D_{10}、D_{30}、D_{32}、D_{43} 逐渐增大,并且对应喷嘴的喷雾雾滴尺寸发散度相应增加,说明喷雾颗粒尺度范围变大,而且此类压气喷嘴的雾化效果与喷嘴空气帽直径成反比。对比喷嘴 1 和 4 发现,在喷嘴空气帽直径一定时,适当增加喷嘴气道和水道直径,喷雾雾化特性参数明显下降,喷雾雾化效果明显改善。

表 3-2　不同参数结构喷雾化特性参数

序号	$D_{10}/\mu m$	$D_{30}/\mu m$	$D_{32}/\mu m$	$D_{43}/\mu m$	Δs
喷嘴 1	129.9	186.6	262.2	338.6	1.211
喷嘴 2	152.5	216.8	299.9	379.1	1.215
喷嘴 3	173.6	230.4	312.4	359.3	1.220
喷嘴 4	102.3	156.4	219.9	285.0	1.111
喷嘴 5	108.3	166.6	219.1	296.8	1.186
喷嘴 6	119.7	180.9	265.4	352.9	1.437

注:Δs 为相对尺寸范围,描述雾滴尺寸的发散程度。

图 3-9 为不同结构参数喷嘴在相同试验条件下的雾滴粒径分布情况。从图中可以看出,喷嘴 4、5、6 的雾滴粒径分布范围明显较喷嘴 1、2、3 集中,并且雾滴粒径分布在 0～200 μm 范围占比较大,与煤矿井下粉尘尺寸更为接近,更有利于使粉尘沉降,同时对比喷嘴 4、5、6 雾滴粒径分布,发现喷嘴 4 雾化后小颗粒雾滴占比更多,40～60 μm 粒径雾滴占比超过 16%,60～80 μm 粒径雾滴占比超过 14.5%,雾化效果更好。综合以上分析结果,得出在 6 种喷嘴中喷嘴 4 的结构尺寸最优。

因此,综合上述研究结果,根据神东矿区综采工作面原始粉尘浓度、吨煤水分增量要求、粉尘粒度分布、供水供气条件、雾流覆盖范围要求等分析数据,确定远射程低耗水型气水喷雾器为内混式,气道直径 $d_1=4$ mm、水道直径 $d_2=5$ mm、空气帽直径 $d_3=4$ mm。结合上

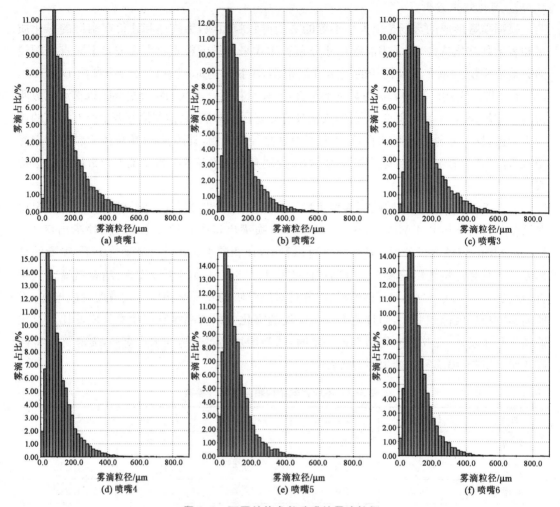

图 3-9　不同结构参数喷嘴的雾滴粒径

述试验,在无风条件下,当水压 0.4 MPa,气压 0.6 MPa 时的该类型喷嘴的有效射程可达到 8 m,耗水量 2 L/min,耗气量 100 L/min。

3.2　大采高综采面含尘风流控制与净化技术研究

3.2.1　含尘风流控制与净化技术原理及研究方案

拟将气、水双幕喷雾器安装在支架顶部,喷雾针对采煤机前后滚筒,并跟随采煤机开启和关闭,引导粉尘沿煤壁一侧运移,并对其进行沉降,最终实现对含尘气流的控制和净化。首先采用数值模拟的方法,对大采高综采工作面采用控尘措施前后的风流流场进行理论计算和规律分析;再在现场开展试验,测试不同喷雾数量、不同工作参数条件下采煤机司机处呼吸性粉尘的降尘效率,得到含尘风流控制与净化技术最佳的工艺参数。再针对大采高综采工作面现有装置进行升级和完善,实现喷雾供气和供水联动。其技术原理如图 3-10 所示,具体技术路线如图 3-11 所示。

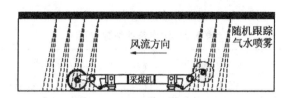

图 3-10　大采高综采面含尘风流控制与净化技术原理示意图

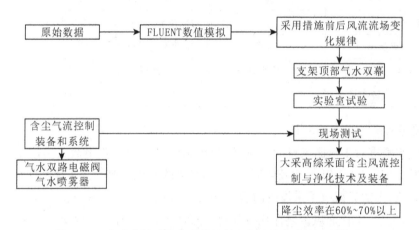

图 3-11　大采高综采面含尘风流控制与净化技术研究路线图

3.2.2　含尘风流控制与净化技术数值模拟研究

（1）数值模型建立

根据神东补连塔煤矿 12513 综采工作面实际工况及工作面设备布置情况建立三维等比例模型,如图 3-12 所示。模型总长 327 m,采高 6.5 m,模型主要包括进风巷、回风巷、采煤面、液压支架、采煤机以及运输设备等。随后导入 ICEM 软件,对三维模型进行网格划分。

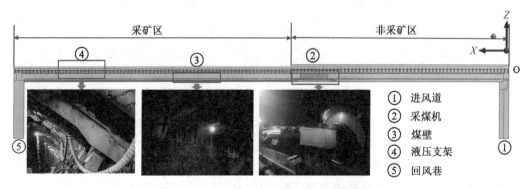

图 3-12　补连塔 12513 综采面三维模型图

（2）边界条件设定

几何模型的网格划分好以后，将网格文件导入 FLUENT 软件中，并依据现场实测及实验结果对该模型设置边界条件和颗粒源参数，进行数值模拟。相关边界条件具体设定见表 3-3。

表 3-3　边界条件参数设定

边界条件	参数设定	边界条件	参数设定
湍流模型	标准 $\kappa-\varepsilon$ 模型	最大粒径/m（尘源参数）	1e−04
入口边界类型	速度入口	中位粒径/m（尘源参数）	2e−05
入流速度/(m·s^{-1})	1.2	孔径/mm（喷雾参数）	1.2
湍流强度/%	5	质量流率/(kg·s^{-1})（喷雾参数）	0.115
出口边界类型	出流	喷嘴雾化扩散角/°（喷雾参数）	60
粒径分布规律（尘源参数）	罗森-拉姆勒分布	有效射程/m（喷雾参数）	8
最小粒径/m（尘源参数）	1e−06	流量/L·min^{-1}（喷雾参数）	2

（3）喷雾对风流场影响分析

研究气水喷雾对工作面风流的影响，以初步确定喷雾的布置组数。模拟工作面原始风流分布情况，以及安装 1 组、2 组喷雾时，工作面风流的变化情况。为了详细展示喷雾对工作面风流的影响，本次只截取了采煤机前后 30 m 范围，距离底板 1.8 m、3.0 m 两个截面。从图 3-13 可以看出，工作面风流整体比较平稳，分布均匀。只有在采煤机上风侧距机身 12 m 范围存在风速为 1.5～1.85 m/s 的高风速区。当在距离进风巷 120 m 处的支架顶梁靠近煤壁侧布置 1 组喷雾时，喷雾在原始风流的影响下向下风侧扩散，扩散距离在 5～7 m 之间，喷雾的运动区域风速较原始状态时提高 45%，在 $Y=3.0$ m 截面，风速提高 67%；且喷雾向下风侧扩散的过程中，会带动周围气流向煤壁侧运动（图 3-14）。从图 3-15 可以明显看出，在布置 2 组喷雾时，采煤机下风侧机身端面处的高速风流全部向煤壁侧运动。这样可以诱导含尘气流全部向煤壁侧运动，然后通过喷雾将其净化，避免含尘气流污染人行侧。

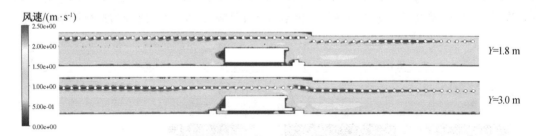

图 3-13　工作面原始风流分布图

综合上述分析结果可知，单组喷雾的扩散距离在 5～7 m 之间，补连塔 12513 综采面采煤机长度约 20 m，要想对采煤机滚筒割煤粉尘进行整体控制，喷雾布置组数应大于 5 组。

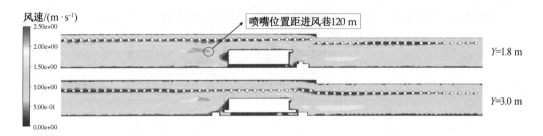

图 3-14　喷雾布置数量为 1 组时工作面风速分布图

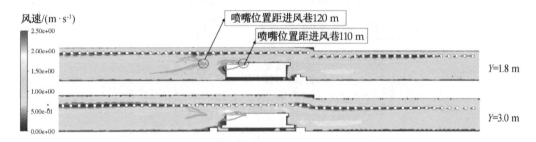

图 3-15　喷雾布置数量为 2 组时工作面风速分布

3.2.3　含尘风流控制与净化技术配套控制工艺装备研究

由于在采煤过程中,采煤机一直处于移动状态,要使喷雾针对采煤机前后滚筒,并跟随采煤机开启和关闭,必须对喷雾器配备相应的控制装置。因此,利用中煤科工集团重庆研究院现有采煤机尘源跟踪技术及装备,对其进行升级改造,研制新型气水联动控制阀,解决气水雾化喷嘴气、水管路同时自动开启和关闭的问题,如图 3-16 所示。图 3-16(a)表示的是气水联动控制阀原理图,K_1、K_2 为进水开关,P 和 A 为进气开关。若 K_1 接通进水管,在一定水压条件下,单向阀被打开,此时气通路连接,实现气水联动。实物图如图 3-16(b)所示。

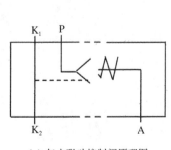

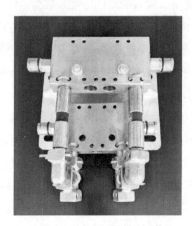

（a）气水联动控制阀原理图　　　　（b）气水联动控制阀实物图

图 3-16　气水联动控制阀

气水喷雾器与升级改造后的采煤机尘源跟踪系统配套图如图 3-17 所示。

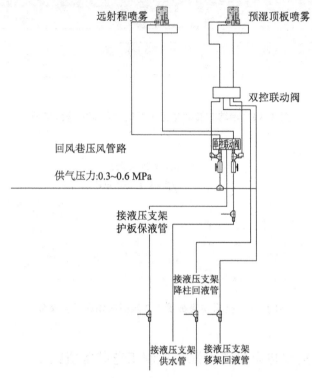

远射程喷雾

预湿顶板喷雾

双控联动阀

单控联动阀

回风巷压风管路

供气压力:0.3~0.6 MPa

接液压支架
护板保液管

接液压支架
降柱回液管

接液压支架
供水管

接液压支架
移架回液管

图 3-17　含尘风流控制与净化技术系统配套图

3.2.4　含尘风流控制与净化技术现场工业性试验

从前面的数值模拟结果及项目组人员长期煤矿井下调研发现,气水喷雾的安装数量、实际供气气压、水压对气水喷雾的降尘效果有一定影响。因此,拟通过现场试验,测试不同喷雾数量、不同工作参数条件下采煤机司机处呼吸性粉尘的降尘效率,得到含尘风流控制与净化技术最佳的工艺参数。在神东补连塔煤矿 12513 综采工作面开展现场试验,共安装 15 台支架,其现场效果图如图 3-18 所示。

本次现场试验共分三部分:(1)测试在气压、水压一定的情况下,不同喷雾组数对采煤机下风侧司机呼吸带处呼吸性粉尘降尘效果;(2)利用试验(1)得出的最佳喷雾组数进行水压为 2 MPa 时,不同气压下采煤机下风侧司机呼吸带处呼吸性粉尘降尘效果试验;(3)利用(2)得出的最佳参数,进行不同水压下采煤机下风侧司机呼吸带处呼吸性粉尘降尘效果试验。试验结果如表 3-4 所示。

图 3-18　含尘风流控制与净化装备现场安装效果图

表 3-4 不同喷雾数量、压力条件下降尘效率结果

项目		原始粉尘浓度 /(mg·m⁻³)	使用气水喷雾后粉尘浓度 /(mg·m⁻³)	降尘效率 /%
喷雾组数	1	73.5	45.3	38.37
	3	71.4	42.4	40.62
	5	74.3	34.2	53.97
	8	71.5	30.1	57.90
	12	72.6	28.9	60.19
	15	73.2	28.2	61.48
气压/MPa	0.2	70.8	30.2	57.34
	0.4	71.3	28.1	60.59
	0.6	72.1	26.4	63.38
	0.8	71.6	24.7	65.50
水压/MPa	1	72.5	27.3	62.34
	2	71.6	24.5	65.78
	2.5	72.1	23.8	66.99
	3	72.7	23.4	67.81
	4	71.9	26.1	63.70

从表 3-4 可以看出,气水喷雾组数、气压、水压对降尘效果有较大的影响。在气压、水压一定情况下,随着喷雾组数的增加,采煤机下风侧司机呼吸带处呼吸性粉尘降尘效率随之增加,但是当组数增加到一定数量时,采煤机下风侧司机呼吸带处呼吸性粉尘降尘效率变化不明显。说明此时虽然增加喷雾组数可以提高降尘效率,但是提高得不明显,反而造成喷雾滥用影响工作面视线,浪费水资源的问题。分析得出喷雾组数在 8~12 组最佳;当喷雾组数设置为 8 组时,气压从 0.2 MPa 增加至 0.8 MPa,降尘效率不断提高,但是考虑到现场供气压力有限,喷雾组数布置比较多,故认为气压设定为 0.5 MPa 比较合适;在气压为 0.5 MPa、喷雾组数为 8 组时,随着水压的升高,采煤机下风侧司机呼吸带处呼吸性粉尘降尘效率出现先升高后降低的变化趋势。主要原因可能是:在气压一定条件下,水压太高,会导致雾化效果不好,降尘效果偏低。因此,综合上述试验分析结果及现场实际条件,含尘风流控制与净化技术最佳的工艺参数为:喷雾组数 8 组,气压 0.5 MPa,水压 3 MPa。

利用上述研究结果,在采煤机正常割煤、工作面无其他控降尘措施且其上风侧无降柱移架时,开启了 8 组气水喷雾,采煤机上下风侧滚筒各 4 组,采用 CCZ20 型呼吸性粉尘采样器测试采煤机下风侧司机处和采煤机下风侧 15~20 m 人行道处的呼吸性粉尘浓度。本次试验条件为气压 0.5 MPa、水压 3 MPa。测试结果如表 3-5 所示。

表 3-5 含尘风流控制与净化技术降尘效率

序号	割煤工序	测试地点	原始呼吸性粉尘浓度/(mg·m⁻³)	采取措施后呼吸性粉尘浓度/(mg·m⁻³)	降尘效率/%
1	顺风割煤	采煤机下风侧司机处	52.4	17.6	66.41
2		采煤机下风侧 15～20 m 处	63.8	18.1	71.63
3	逆风割煤	采煤机下风侧司机处	61.4	19.4	68.40
4		采煤机下风侧 15～20 m 处	71.2	23.1	67.56

由表 3-5 可知，在无降柱移架产尘影响的情况下，顺风割煤时，下风侧司机处与采煤机下风侧 15～20 m 处降尘效率分别为 66.41% 和 71.63%；逆风割煤时，下风侧司机处与采煤机下风侧 15～20 m 处降尘效率分别为 68.40% 和 67.56%，表现出较好的降尘效果。对工作面环境的改善起到了极大的促进作用，达到任务要求的降低 60%～70% 或以上呼吸性粉尘目标。

3.3 采煤机随机抽尘净化技术与装备研究

3.3.1 采煤机随机抽尘净化技术原理

在大采高综采面，采煤机割煤及煤层垮落产生的粉尘向人行侧扩散主要受风流的影响。从图 3-19 可以看出，进风风流在遇到采煤机机身端面时，由于运动受阻，风流方向发生改变，并且由于端面缩小，风速会急剧增大。此部分风流在向人行侧扩散的过程中，会携带大部分粉尘，从而造成粉尘扩散。在采煤机上风侧机身端面处布置除尘器，这样通过除尘器形成负压区，含尘风流被吸入除尘器后，先被前雾化喷嘴初步混合，再被高速旋转的叶轮进一步雾化混合，在除尘箱的过滤网位置形成泥水、尘雾，气流夹带泥水、尘雾，粉尘被再次捕捉

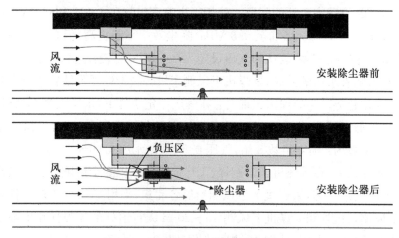

图 3-19 大采高综采面机载除尘器除尘

并形成泥滴,未形成水的水雾在气流的夹带下行至脱水器,被脱水器收集并形成水滴,最后形成的污水会从除尘箱底板上流出除尘箱,从而净化负压区的粉尘。

3.3.2 技术方案

本次研究拟首先在理论分析和现场调研的基础上,开展高效收尘工艺技术研究,采用数值模拟和试验相结合的方法,研究除尘器收尘口与尘源位置关系、处理风量与尘源处风速关系,确定最佳的吸尘口位置及处理风量;再开展机载抽尘净化装置结构研究,包括其内部粉尘控制单元、外形结构、固定方式等;然后再开展机载抽尘净化装置配套工艺研究;最后开展现场工业性试验,对机载抽尘净化装置的除尘效果和适用性、可靠性进行考察,并对装置的结构及参数进行改进和完善。方案具体技术路线如图 3-20 所示。

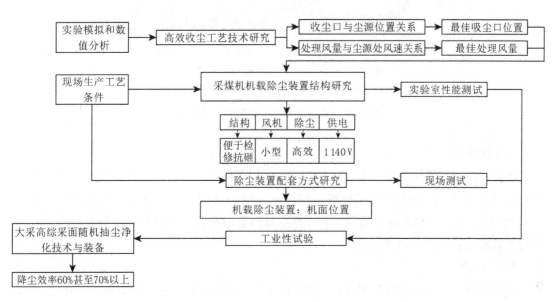

图 3-20　采煤机机载抽尘净化技术与装备研究技术路线图

3.3.3 采煤机随机抽尘净化技术关键工艺参数数值模拟研究

(1)数值计算模型的建立及网格划分

① 模型建立

以补连塔 12511 综采面为依托,模型工作面长 327.4 m,推采长度 3 138 m,设计采高 5.7~7.3 m,循环进尺 0.865 m,落煤方式采用双滚筒电牵引采煤机割煤,端部斜切进刀,前滚筒割顶煤,后滚筒割底煤,双向割煤往返一次割两刀。该综采面选用 JOY 公司生产的 JOY07LS08 型采煤机,滚筒直径 3.5 m。选用郑州煤机生产的 ZY21000/36.5/80D 型支架作为中间支架,数量 135 架,支架中心距 2 050 mm,支护范围 3 650~8 000 mm,工作面供风风量 2 322.4 m³/min,平均风速 1.2 m/s。

根据现场实际情况利用 CAD 软件建立计算模型,由于本研究要对工作面原始条件以及安装机载除尘器后粉尘运移分布进行对比分析,故建立模型 1、模型 2,对部分装置进行了简化,如图 3-21 所示。该模型主要由采煤机、液压支架以及挡煤板等组成。工作面尺寸:长×高×宽 = 150 m×8.0 m×6.8 m,本研究只考虑采煤机前方垮落煤层产生的粉尘,对滚筒、支架等处未考虑。

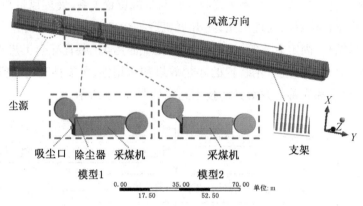

图 3-21　补连塔 12511 综采工作面模型

② 网格划分

将建立的综采面模型导入 ICEM-CFD 中,进行网格划分。在模拟计算中考虑到巷道的实际情况比较复杂决定采用具有较好适应性的非结构化网格进行划分。共生成网格数量 305.740 7 万,由于网格数量对数值模拟结果准确性影响很大,故对网格进行自适应调整,确保较小的尺寸扭曲率和角度扭曲率。

③ 参数设定

模拟参数根据现场实际情况设定,求解通风粉尘场时求解器采用稳态和绝对速度,由于粉尘颗粒在巷道受到重力的影响,模拟计算时需设定重力加速度。具体参数如表 3-6 所示。

表 3-6　边界条件参数

边界条件	参数设定	边界条件	参数设定
入口边界类型	速度入口	粒径分布规律	罗森-拉姆勒分布
入流速度/(m·s⁻¹)	1.2	最小粒径/m	1e−06
湍流强度/%	5	最大粒径/m	1e−04
出口边界类型	出流	中位粒径/m	2e−05
壁面剪切条件	无滑移	粒径个数	150
相间耦合	打开	分布指数	3.5
颗粒相材料	中挥发煤	质量流率/(kg·s⁻¹)	0.01
喷射类型	面	湍流扩散模型	随机轨道模型
边界条件	参数设定	边界条件	参数设定

（2）12511综采面8 m采高原始粉尘场模拟结果如图3-22所示。

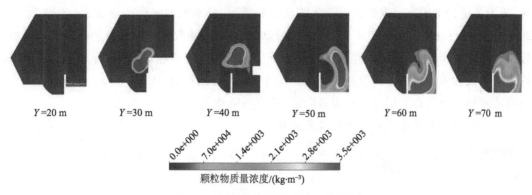

图 3-22 *XOZ* 截面粉尘浓度分布图

由现场调研以及对补连塔12511综采面原始粉尘场数值模拟结果（如图3-22所示）的分析可知：由垮落煤层产生的粉尘在风流的带动下整体向后方扩散（Y轴正方向）。由于采煤机的阻挡，导致粉尘在遇到采煤机时运动方向发生改变，高浓度粉尘团向顶板运动最高可向上运动5 m，高浓度粉尘主要积聚在采煤机前后10 m范围以及底板靠挡煤板一侧，粉尘浓度最高可达3 500 mg/m³，在采煤机上风侧机身端面前后5 m范围内粉尘开始向人行侧扩散，挡煤板顶部靠人行侧粉尘浓度高达2 500 mg/m³，粉尘浓度严重超限。因此，根据综采面产尘特点、数值模拟分析结果以及采煤机结构特点，初步确定机载抽尘净化装置的吸尘口布置位置如图3-23所示。

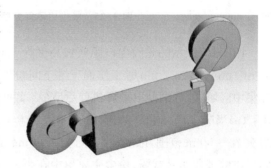

吸尘口面积 0.5 m×0.5 m=0.25 m²

图 3-23 机载抽尘净化装置的吸尘口布置位置

为了达到最佳降尘效果，对除尘风机吸尘口位置及处理风量做了大量数值模拟研究，通过分析在改变吸尘口参数时工作面粉尘运移分布规律，以及不同参数下的降尘效果，为综采面降尘提供理论依据。

（3）吸尘口不同位置粉尘浓度分布

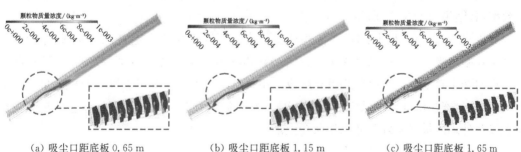

   （a）吸尘口距底板0.65 m   （b）吸尘口距底板1.15 m   （c）吸尘口距底板1.65 m

图 3-24 吸尘口不同位置粉尘浓度分布图

图 3-24 表示的是工作面三维空间粉尘浓度分布图。由于采煤机附近是尘源的集中区域,故为了更详细研究采煤机附近粉尘浓度分布情况,分别截取采煤机前后 XOZ 截面 $Y=20\sim60$ m 进行分析。对比图 3-24(a)、(c)可以明显发现,随着吸尘口距离地板高度的增加,吸尘口距离尘源越远,相同处理风量情况下除尘风机捕尘能力越弱,导致粉尘逃逸越多,故粉尘向顶板和采煤机后方扩散越严重。从图 3-24(c)可以看出,在 $Y=55$ m、60 m 截面上仍有高浓度粉尘积聚在底板以及挡煤板附近,严重污染巷道环境。

(4)吸尘口不同处理风量粉尘浓度分布

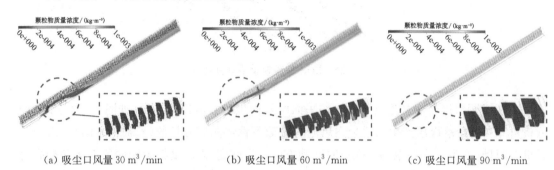

(a) 吸尘口风量 30 m³/min   (b) 吸尘口风量 60 m³/min   (c) 吸尘口风量 90 m³/min

图 3-25　吸尘口不同处理风量下粉尘浓度分布图

图 3-25 表示的是吸尘口距底板高度为 1.65 m 时,吸尘口处理风量分别为 30 m³/min、60 m³/min、90 m³/min 时工作面三维空间粉尘浓度分布图。采煤机附近是高浓度粉尘团主要集中区域,故分别截取采煤机前后 XOZ 截面 $Y=20\sim60$ m 进行分析。从图 3-25 可以看出:(a)当吸尘口风量为 30 m³/min 时,粉尘主要集中在挡煤板靠近采煤机一侧,采煤机距端头 20~60 m 范围,浓度最高达到 1 000 mg/m³;(b)当吸尘口风量为 60 m³/min 时,粉尘向后扩散现象明显减弱,粉尘主要集中在距采煤机上风侧机身端面前 5 m 及后 15 m 范围,此时高浓度粉尘积聚在距底板约 2.5 m 截面,距采煤机上风侧机身端面 35 m 之后无高浓度粉尘积聚现象;(c)当吸尘口处理风量为 90 m³/min 时,高浓度粉尘只存于溜槽与采煤机相邻处,粉尘无向后扩散现象。随着除尘风机吸尘口风量的增加,工作面粉尘浓度逐渐降低,当吸尘口风量为 90 m³/min时,粉尘几乎无扩散现象存在,高浓度粉尘只存在于尘源附近,此时吸尘风量最优。

综上,得出机载除尘器不同处理风量及吸尘口距底板不同距离情况下,机载除尘器的除尘效率,其结果如图 3-26 所示。

分析图 3-26 可以得出:(a)当除尘风机吸尘口距底板高度一定时,安装机载除尘风机的降尘效率与吸尘口处理风量成正比;(b)当除尘风机吸尘口处理风量一定时,安装机载除尘风机的降尘效率与吸尘口距底板高度成反比;(c)除尘风机吸尘口位置与处理风量达最优匹配时,通过安装机载除尘风机的降尘效率为 100%。因此,可以通过调整除尘风机吸尘口位置以及处理风量来有效降低工作面粉尘浓度。

(5)工作面风速对处理风量影响分析

考虑到工作面风速对机载除尘器的处理风量有一定影响。结合机载除尘器处理风量对

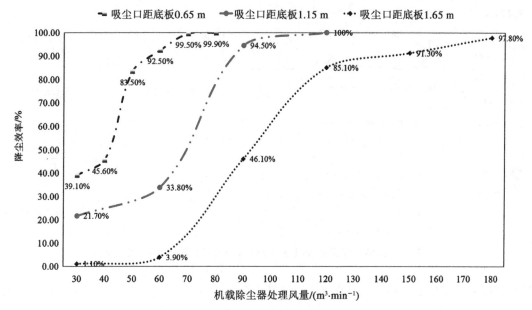

图 3-26　不同处理风量及吸尘口距底板距离时机载除尘器降尘效率图

工作面粉尘的影响分析结果,模拟了机载除尘器处理风量为 $120~\mathrm{m^3/min}$、$180~\mathrm{m^3/min}$ 时,工作面风速分别为 $1.2~\mathrm{m/s}$、$1.4~\mathrm{m/s}$、$1.8~\mathrm{m/s}$、$2.0~\mathrm{m/s}$ 工况下工作面风速分布。如图 3-27、图 3-28 所示。

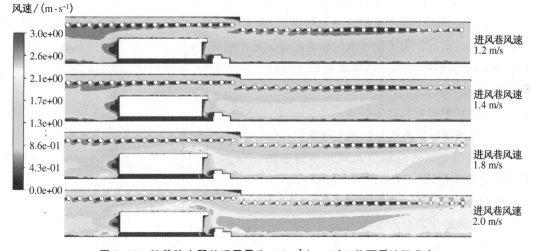

图 3-27　机载除尘器处理风量为 $120~\mathrm{m^3/min}$ 时工作面风流场分布

从图 3-27、图 3-28 可以看出,当机载除尘器的处理风量一定时,随着工作面风速的增大,在采煤机上风侧 20 m 范围内,出现高风速带。且在采煤机上风侧机头处向人行侧扩散风流速度增大,此处扩散风速增加,极易造成粉尘向人行侧扩散。当工作面风速一定时,随着机载除尘器处理风量的增加,采煤机上风侧机头向人行侧扩散高的风速区的影响范围缩小,工作面风流分布有所改善。通过上述分析可知,当工作面风速增大时,为了使机载除尘

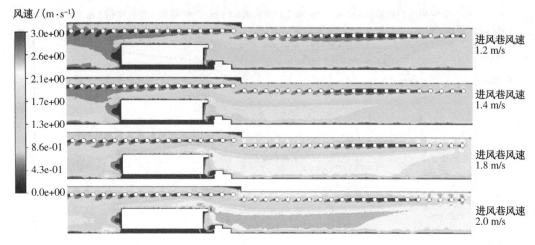

图 3-28　机载除尘器处理风量为 180 m³/min 时工作面风流场分布

器达到抑制采煤机上风侧机头处向人行侧扩散风流的效果,必须同时增大机载除尘器的处理风量。

综上所述,综合考虑机载除尘器对工作面风流-粉尘场的影响,同时结合除尘器阻力及现场情况确定机载除尘器吸尘口处理风量为 180 m³/min,吸尘口下缘距底板高度为 1.65 m。

3.3.4　采煤机随机抽尘净化装备研究

目前国内外煤矿井下使用的除尘器主要有两大类,一种是布袋除尘器,另一种是湿式除尘器。目前布袋除尘器的除尘效率是最高的,基本达到粉尘零排放,但是其体积太大,易受现场安装条件限制。为了使呼吸性粉尘的除尘效率达到 95% 以上,本研究拟在湿式除尘技术基础上,对机载除尘器的各组成结构进行适配研究,从而开发出适合大采高综采面防尘技术要求的高效湿式机载除尘装备。

（1）呼吸性粉尘高效控制单元研究

呼吸性粉尘高效控制单元研究和掘进面高效湿式除尘器研究基本一致。具体内容详见掘进面高效湿式除尘器研究部分。

（2）机载除尘器结构设计

① 设计参数

通过对补连塔煤矿 12513 综采面采煤机可利用位置空间的详细调研,以及前期机载除尘器关键工艺参数研究,确定本次机载除尘器总体尺寸为 590 mm×1 315 mm×1 600 mm,机载除尘器主要由三部分组成:前喷雾段、除尘段（过滤段、脱水段）、电机段,其结构如图 3-29

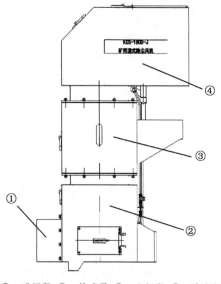

①—进风段；②—前喷雾；③—电机段；④—除尘段
图 3-29　机载除尘器整体结构设计图

所示。除尘器设计处理风量为 180 m³/min,吸尘口下缘距底板高度为 1.65 m,安装于采煤机上风侧机身端面,选用淄博风机厂生产的 YBF2-160M-1 配套风机。具体技术参数如表 3-7 所示。

表 3-7 技术参数

项目	技术参数
最大处理风量/(m³·min⁻¹)	180
总尘除尘效率/%	≥98
呼吸性粉尘除尘效率/%	≥90
脱水效率/%	≥97
工作阻力/Pa	1 200
漏风率/%	≤5
输入电压/V	660/1 140
额定功率/kW	11
额定转速/(r·min⁻¹)	2 900
工作噪声/dB(A)	≤85

② 进风段设计

根据前期机载除尘器总体设计,将机载除尘器进风段设计成"L"形。考虑到要防止小块煤被吸入除尘器内,在进风段前端布置了钢丝编织网。为了让粉尘润湿,在进风段布置了3 个空心锥形喷嘴,采用顺风喷雾,其结构如图3-30 所示。

③ 前喷雾段设计

通过前期试验平台试验,确定此次机载除尘器选用顺风喷雾降尘,顺喷喷嘴为实心螺旋喷嘴,其除尘效率如表3-8 所示,且试验过程中发现该喷嘴可以有效缓解过滤网堵塞情况。喷嘴参数如表3-9 所示。

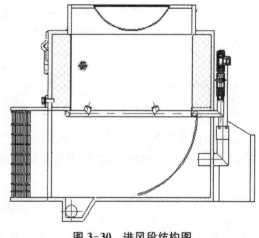

图 3-30 进风段结构图

表 3-8 除尘效率

粉尘类型	污水浓度	前段粉尘浓度	后段粉尘浓度	总粉尘除尘效率	呼吸性粉尘除尘效率
煤粉	3%	3 529 mg/m³	10.9 mg/m³	99.69%	99.1%

表 3-9 喷嘴参数

喷嘴型号	压力	喷雾角度	流量
实心螺旋喷嘴	0.5 MPa	110°	8 L/min

因此,样机选用顺风喷雾,其具体结构如图 3-31 所示。

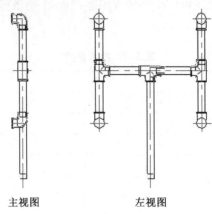

主视图   左视图

图 3-31　喷雾布置图

④ 过滤段设计

在实验平台中,分别测试了风速为 2 m/s、6 m/s、7 m/s、7.8 m/s、8.6 m/s 时除尘器除尘效率,对比风速对除尘效率及阻力的影响。试验中过滤单元为 3 层过滤网,采用顺逆喷形式,发尘类型为 3 000 目滑石粉。测试结果如表 3-10 所示。

表 3-10　过滤风速对除尘效率的影响

测试风速/(m·s^{-1})	2	6	7	7.8	8.6
除尘效率/%	53	98.3	99	98.7	98.6
阻力/Pa	650	1 230	1 370	1 570	1 730

分析以上结果可知,由于发尘选用 3 000 目滑石粉,粉尘粒度较小,当过滤段风速大于 6 m/s 时,实验系统除尘效率能满足设计要求。则过滤断面面积:

$$S = \frac{Q}{v} \leqslant 0.5 \text{ m}^2$$

式中:S 为喷雾过滤断面面积,m^2;Q 为机载除尘器处理风量,m^3/min;v 为过滤段风速,m/s。

故:根据现场布置需要,控制除尘器尺寸,设计样机断面尺寸为宽 0.54 m、高 0.625 m。

在实验平台中,测试了不同呼吸性粉尘过滤单元材质及参数对降尘效率的影响。测试数据表明,过滤单元材质以及不同材质过滤网的层数及丝网厚度对降尘效率、阻力都有较大的影响。丝网过滤单元的呼吸性粉尘除尘效率要高于过滤网,但是阻力较大。综合考虑过滤单元的材质对除尘器阻力以及降尘效率的影响,认为用不锈钢过滤网制作过滤单元,采用(20 目+4 目+20 目)型的 3 层过滤网结构效果较好。

⑤ 脱水段设计

采用波纹板除雾器进行脱水。

⑥ 动力选型

根据试验平台风量及阻力参数,样机配套风机选用单电机双叶轮风机。风机外形尺寸为:高 747 mm,深 590 mm,宽 695 mm。对风机叶轮进行改进并进行性能测试,其结果如图3-32 所示。

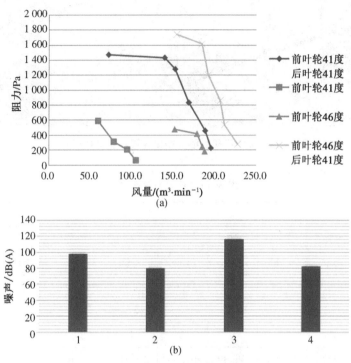

图 3-32　对旋风机性能测试结果

当除尘器风量为 180 m³/min 时,计算得出除尘器前端阻力 350 Pa,后端阻力 600 Pa,阻力 950 Pa;若除尘器整机负压为 700 Pa,对应风机负压 1 650 Pa,此时风量 185 m³/min,能满足设计要求。

(3)采煤机随机抽尘净化装备样机研制及实验室测试

根据前期研究结果,对采煤机随机抽尘净化装备进行样机研制,样机如图 3-33 所示,并进行实验室除尘效率测试实验,如图 3-34 所示。

降尘效率测试试验中,发尘类型为 3000 目滑石粉。首先在机载除尘器入口和出口处采集粉尘样品,进行粉尘粒度分布测试,其结果如表 3-11 所示;然后再通过在机载除尘器进风口端面均匀布置 8 个测点,测出原始粉尘浓度。在除尘器的出风口端再对同样的 8 个测点进行浓度测试,每个测点测三次,采样流量 15 L/min,采样时间 2 min,取三次平均值,则得出机载除尘器的降尘效率。结果如表 3-12 所示。

图 3-33　采煤机随机抽尘净化装备样机图

图 3-34　采煤机随机抽尘净化装置实验室性能测试

表 3-11　粉尘粒度分布

采样地点	编号	粒径/μm								
		150	100	80	60	50	40	30	20	10
入口	1	0.40	4.96	9.86	21.60	33.52	43.30	57.10	73.90	86.15
出口	2	0.25	3.82	8.64	11.55	23.77	34.55	45.62	58.6	73.06

采样地点	编号	粒径/μm							
		8	7	6	5	4	3	2	1
入口	1	90.24	93.95	95.38	97.39	97.89	98.96	99.55	99.99
出口	2	79.33	83.18	90.97	92.64	95.01	96.53	98.58	99.99

表 3-12　除尘器除尘效率实验室测试结果

采样位置	浓度/(mg·m⁻³)		总粉尘降尘效率/%	呼吸性粉尘降尘效率/%
	原始浓度	经除尘器处理后浓度		
测点 1	17 093.33	333.33	98.05	94.58
测点 2	17 413.33	293.33	98.32	95.32
测点 3	17 893.33	240.00	98.66	96.27
测点 4	17 546.67	306.67	98.25	95.14
测点 5	16 960.00	346.67	97.96	94.32
测点 6	16 613.33	280.00	98.31	95.31
测点 7	17 666.67	253.33	98.57	96.01
测点 8	16 840.00	267.00	98.41	95.38
平均降尘效率	—	—	98.31	95.29

分析表3-12可以得出,研制的机载除尘器总粉尘平均降尘效率为98.31%,呼吸性粉尘平均降尘效率达95.29%。除尘效果较好,满足设计要求的总粉尘降尘效率大于98%,呼吸性粉尘降尘效率大于95%的任务指标。

样机试制测试改进完成以后,制定企业标准,并办理安标,同时委托国家煤矿防尘通风安全产品质量监督检验中心检验,对研发的KCS-180D-J型矿用湿式除尘风机,即大采高综采面用除尘器进行检测,得到其主要性能参数如表3-13所示。

表3-13　机载除尘器主要性能参数检测结果

项目		企业标准规定技术参数	检测结果
除尘风机	型号	KCS-180D-J	
	处理风量/(m³·min⁻¹)	180	193.9(偏差+7.7%)
	工作阻力/Pa	1 500	1 513(偏差+0.9%)
	总除尘效率/%	≥98	98.3
	呼吸性粉尘除尘效率/%	≥95	95.1
	漏风率/%	≤5	—
	液气比/(L·m⁻³)	≤0.4	0.2
	工作噪声/dB(A)	≤85	84.8
	供水压力/MPa	0.5~4.0	—
	静压效率/%	≥55	—
	整机外形长×宽×高/mm	1 409×590×2 396	—
	整机重量/kg	1 301.5	—
配套电动机	型号	YBF2-160M1-2	
	功率/kW	11	—
	额定电压/V	380/660、660/1 140	—
	额定电流/A	21.8/12.6、12.4/7.2	—
	额定转速/(r·min⁻¹)	2 930	—

此外,测得除尘器在静压为700 Pa时风量为184 m³/min,在风量为150 m³/min时的静压为1 237 Pa,满足考核指标要求。

(4)机载抽尘净化装置配套工艺研究

通过前期相关研究及现场实地考察,确定机载除尘器选用图3-35所示的配套方式,除尘器安装在采煤机上风侧的行走部位置,与行走部相对固定,吸风口位于上风侧摇臂下方空间,朝向进风巷,出风口位于机面上方空间,朝向回风巷。机载除尘器直接从采煤机取电,单独设置机载除尘器开关,电源控制开关放在采煤及盖板下方。除尘器供水直接取自采煤机冷却用水,形成的污水直接排放至底板。

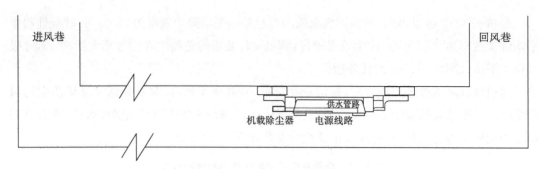

进风巷   回风巷

供水管路

机载除尘器   电源线路

图 3-35   系统安装布置示意图

3.3.5 采煤机随机抽尘净化技术现场工业性试验

为了验证机载除尘器的现场实用性及降尘效果,将其应用于补连塔 12513 综采面进行现场试验。由于煤矿现场工作面条件发生变化,原本设计成"Z"字形的机载除尘器不能适应现场条件,故对机载除尘器结构进行了改进,将结构改为"L"形。机载除尘器吸尘口朝向底板,出风口朝向进风巷,同时为了避免除尘器出风风流对进风风流造成扰动,在机载除尘器出风口设计了挡板,使出风风流斜向煤壁。机载除尘器现场安装效果图如图 3-36 所示。

机载除尘器主要用于治理采煤机割煤时因采煤机机身阻挡向支架行人侧扩散的含尘气流,考察降尘效果时主要考虑采煤机下风侧司机处和采煤机机身下风侧 15~20 m 处支架行人侧呼吸带高度

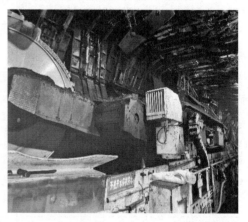

图 3-36   机载除尘器现场安装效果图

的呼吸性粉尘净化效果。采用 CCZ20 型呼吸性粉尘采样器,利用天平称重法,在采煤机工作上风侧无液压支架降柱移架时,测试了使用采煤机机载除尘器前后采煤机下风侧司机处和采煤机机身下风侧 15~20 m 处的支架行人侧的呼吸性粉尘浓度,结果如表 3-14 所示。

表 3-14   机载除尘器降尘效率测试结果

序号	割煤工序	测试地点	呼吸粉尘浓度/(mg·m⁻³)		降尘效率/%
			原始粉尘浓度	安装机载除尘器前后吸性粉尘浓度	
1	顺风割煤	采煤机下风侧司机处	46.3	17.1	63.1
2		采煤机下风侧 15~20 m 处	61.2	18.5	70.0
3	逆风割煤	采煤机下风侧司机处	76.0	20.3	73.2
4		采煤机下风侧 15~20 m 处	86.0	19.7	77.1

由表 3-14 可知：顺风割煤时采煤机下风侧司机处、采煤机下风侧 15～20 m 处开启机载除尘器前后呼吸性粉尘的平均浓度分别为 46.3 mg/m³、61.2 mg/m³ 和 17.1 mg/m³、18.5 mg/m³；逆风割煤时的这两处呼吸性粉尘平均浓度分别为 76 mg/m³、86 mg/m³，开启除尘器后浓度变为 20.3 mg/m³、19.7 mg/m³，在采煤机下风侧的呼吸性粉尘降尘效率高于采煤机下风侧司机处，平均降尘效率为 70.85%，达到任务要求的降低 60%～70% 呼吸性粉尘目标。

3.4　液压支架粉尘治理技术及装备

近年来，煤矿开采工艺不断提升，开采速度不断攀升，采用大采高综采技术能得到较高的产煤率，因此该技术得到了广泛的推广。然而，大采高技术带来高效、高产生产的同时，矿井粉尘污染问题也愈来愈严重。相比一般采高工作面，大采高工作面在割煤工序上有很大的不同，如图 3-37、图 3-38 所示。

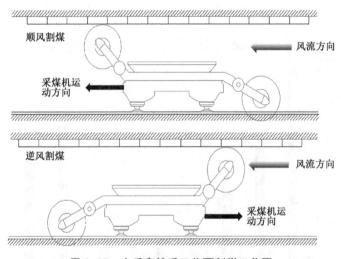

图 3-37　大采高综采工作面割煤工艺图

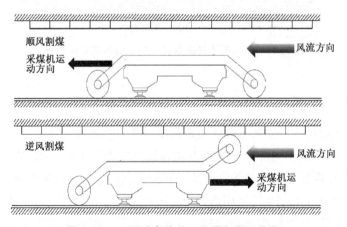

图 3-38　一般采高综采工作面割煤工艺图

　　大采高综采面采煤机前滚筒割顶、后滚筒割底,往返一次割 2 刀煤,跟机移架 2 个步距。而一般采高的综采面采煤机逆风割顶、顺风扫底,往返一次割 1 刀煤,移架 1 个步距。这就致使大采高工作面不同尘源点产尘强度与不同区域的粉尘来源与一般采高工作面相比有很大的区别,特别是人行区粉尘来源。大采高工作面人行区位于支架立柱与掩护梁之间的区域,移架时大量粉尘从相邻两台支架的掩护梁以及顶梁之间直接垮落到人行区,采煤机割煤粉尘扩散到人行区相对较少。对于一般采高工作面,人行区位于支架立柱与电缆槽之间的区域,由于离采煤机比较近,而支架移架粉尘受风流影响绝大部分向下风侧扩散,向煤壁发生扩散比较少,故大部分粉尘来源于采煤机割煤。

　　同时,根据项目组成员在补连塔煤矿 12513 工作面调研发现,支架移架处总粉尘浓度最大超过 1 000 mg/m³,图 3-39 表示的是神东补连塔煤矿 12513 综采面不同位置各工序粉尘浓度测试结果。从图中可以看出,在液压支架降柱移架 5~20 m 处,支架降柱移架粉尘占比达到 75%~92%。因此,要降低大采高综采面人行区域的污染,应重点解决支架降柱移架产生的粉尘。

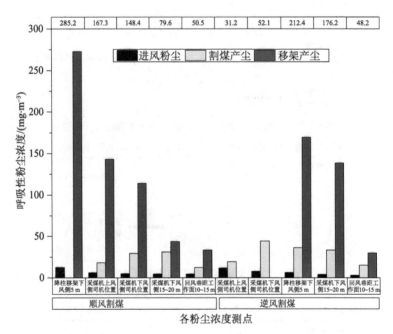

图 3-39　综采面不同位置各工序粉尘浓度测试结果

3.4.1　技术方案

　　本研究拟首先通过现场实测及数值模拟相结合的方法掌握液压支架降柱移架产尘及粉尘运移分布规律,再测试不同类型喷嘴在不同布置方式条件下的顶部煤层的湿润性及降尘效率,结合试验工作面液压支架的条件设计一种抑尘支护一体化的新型液压支架顶部结构;同时针对顶煤预湿过程中存在的适用性问题,在项目实施的过程中又开展液压支架封闭控尘收尘技术及装备研究,即针对试验综采工作面的支架结构确定液压支架封闭控尘收尘的配套工艺,再设计试制控尘收尘装置,通过实验室试验对结构可靠性、运动干涉情况等进行验证优化,形成完整的液压支架封闭抑尘、控尘、收尘技术及装备,使得人行侧降尘效率达到90%以上。具体技术路线如图 3-40 所示。

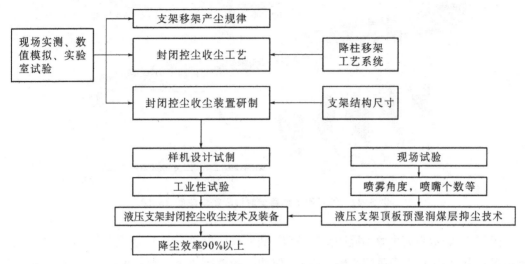

图 3-40　液压支架封闭控尘收尘技术及装备研究路线图

3.4.2　液压支架降柱移架产尘规律研究

为了研究大采高综采工作面液压支架降柱移架过程中,由于支架顶板对煤层的挤压产生粉尘的逸散分布规律,利用数值模拟软件对支架移架尘源进行粉尘运移规律模拟。以补连塔 12511 综采面为依托,该工作面长 327.4 m,设计采高 5.7~7.3 m,循环进尺 0.865 m,双向割煤往返一次割两刀。选用 JOY 公司生产的 JOY07LS08 型采煤机,滚筒直径 3.5 m,利用 solidworks 软件建立数值计算模型,如图 3-41 所示。在工作面(Y=32 m)支架顶部设置了一个尘源。

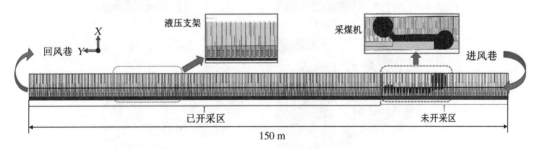

图 3-41　综采面支架移架尘源粉尘运移分布规律计算三维模型

在支架移架过程中,粉尘由于气流和重力的作用不断垮落,尘源附近粉尘浓度最高,移架产生的粉尘受风流影响,首先发生横向扩散,在顶板形成长 15 m 的高浓度粉尘带,大部分粉尘随风流迅速扩散到下风侧以及人行空间,如图 3-42 所示。另外,在距尘源 10 m 处粉尘扩散到人行道呼吸带高度,粉尘浓度达 300～450 mg/m³。其余粉尘在风流的作用下继续向回风巷扩散,在距尘源 45 m 之外,粉尘浓度基本稳定在 250 mg/m³ 左右。

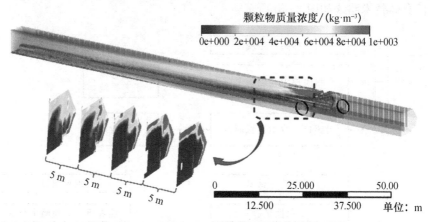

图 3-42 综采面支架移架时沿程粉尘浓度分布图

图 3-43 表示距离尘源不同距离时 *XOZ* 截面移架尘源粉尘向人行区扩散分布图。从图中可以看出,移架粉尘受风流影响,扩散比较快。随着距离尘源点距离的增加,粉尘向人行区扩散增多,向底板扩散的距离也随之增加,高浓度粉尘团整体扩散距离最远达到 3.4 m。而距离尘源点 10 m 之外,在人行底板上都存在高浓度粉尘。

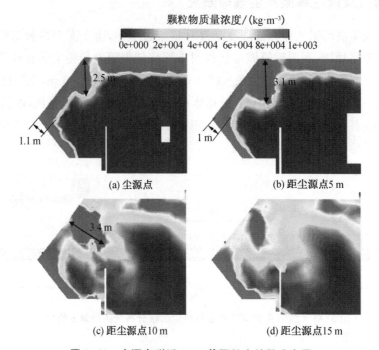

图 3-43 尘源点附近 *XOZ* 截面粉尘扩散分布图

图 3-44 表示的是 1 μm 到 100 μm 粒径粉尘颗粒不同时刻的沉降状态,粒径为 100 μm

的颗粒,大约在 10 s 时沉降到离尘源 15 m 左右的地面,粒径在 $1\sim30\,\mu m$ 的颗粒,运动 120 s 后还未沉降。大颗粒粉尘主要在工作面中部以下空间运动,运动轨迹波动比较大,小颗粒粉尘主要在工作面中部以上空间运动,运动轨迹比较平稳,小颗粒粉尘为导致矿工尘肺病的主要污染物,应被重点控制。

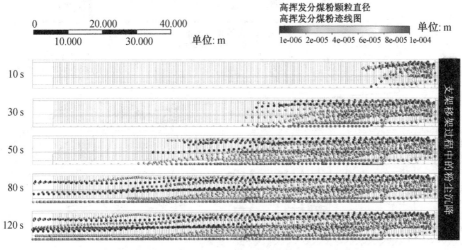

图 3-44　综采面支架移架时不同粒径粉尘颗粒随时间沉降规律图

3.4.3　液压支架顶板预湿润煤层抑尘技术研究

由液压支架降柱移架粉尘数值模拟结果及现场观察发现,液压支架降柱移架小颗粒粉尘较多,针对此种现象,拟研究液压支架顶板预湿润煤层抑尘技术,通过喷雾器对顶煤进行快速预湿润,这样在液压支架降柱移架过程中,以及在支架顶板预煤层摩擦、碰撞的过程中,一是能从根源上减少粉尘的产生;二是可以使增加煤层的水分,以最大程度抑制粉尘的扩散。

目前国外大多采用将喷雾布置在支架顶梁上部实现降柱移架过程中的顶煤预湿的方法,如图 3-45 所示,但此种方法喷嘴直接受煤体挤压极易被堵塞,且预湿范围有限,降柱移架产生的破碎煤体还是会从两支架侧护板处洒落。为此,本研究考虑将喷雾布置在支架侧护板内侧,在降柱移架的同时对侧护板处洒落的破碎煤体进行湿润,如图 3-46 所示。

为进一步确定侧喷喷雾的喷嘴布置方式和工艺参数,首先通过理论分析得到能够有效湿润煤体的水量,再在实验室进行试验确定喷嘴类型和喷雾工艺参数。通过现场调研,大采高综采面降柱移架过程单次操作时间约为 10 s,落煤重量平均约为 2.0 kg,按煤体平均水分增量 5% 计算,得到所需喷雾水量约为 0.6 L/min。考虑到喷嘴延时以及需要在破碎煤体快速洒落的过程中使其快速湿润,取富裕系数 $K=10$,最终理论上推导出喷雾水量约为 6 L/min。据此选取合适喷嘴开展实验室试验,考虑现场使用静压水压力约为 3 MPa,选取该压力下的喷嘴性能参数如表 3-15 所示。

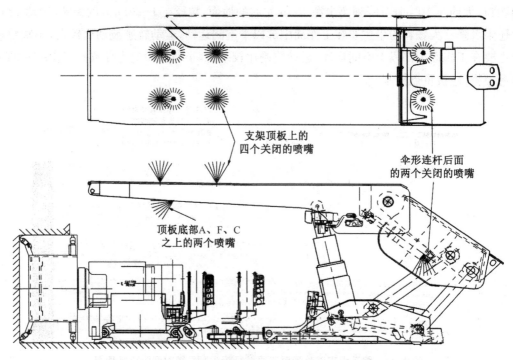

支架顶板上的
四个关闭的喷嘴

伞形连杆后面
的两个关闭的喷嘴

顶板底部A、F、C
之上的两个喷嘴

图 3-45　喷嘴布置在顶梁处的示意图

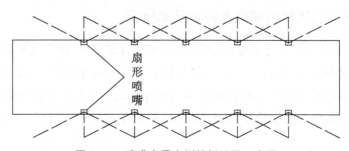

扇形喷嘴

图 3-46　喷嘴布置在侧护板处的示意图

表 3-15　不同喷嘴性能参数

喷嘴类型	喷雾张角/°	喷雾流量/(L·min⁻¹)
A	60	4.2
B	90	4.8
C	120	3.5
D	150	5.2

利用试验平台,测试上述 4 类喷嘴在 3 MPa 喷雾压力条件下的煤体湿润范围(直径)和平均水分增量,得到结果如表 3-16 所示。

表 3-16　不同喷雾参数下的顶煤润湿效果

润湿范围/m	湿润范围/m	水分增量/%
A	0.10	0.13
B	0.15	0.25
C	0.30	0.32
D	0.35	0.38

从表 3-16 测试结果可以看出,当选用 C 型喷嘴时,喷雾湿润半径 0.30 m,水分增量可达到 0.32%,与 D 型喷雾的湿润效果基本相当,考虑到喷雾水量,选取 C 型喷嘴较为合适。一般大采高综采面的侧护板长度约为 2.4 m,相邻侧护板喷嘴等距离间隔布置,共需 8 个喷嘴,单侧布置 4 个喷嘴。喷雾压力为 3 MPa 时的总耗水量约为 28 L/min,能够取得较好的预湿效果。据此设计了一种有具体对喷功能的支架侧护板,如图 3-47 所示。

图 3-47　喷雾布置在侧护板处的示意图

利用上述装置进行现场试验,测得其能够降低支架下风侧 5 m 处 85% 的呼吸性粉尘浓度,降尘效果较为明显,但由于大采高综采面工作人员正好位于支架侧护板下方,对喷喷雾形成的污水直接落至人行道,给工人的作业环境造成了较大的影响。为解决该问题,本章又开展了液压支架封闭控尘收尘技术及装备的研究。

3.4.4　液压支架封闭控尘收尘装置研究

(1) 支架封闭控尘收尘装置设计原理

通过数值模拟研究发现移架尘源处粉尘向人员活动区域扩散严重,小颗粒粉尘扩散尤为明显,并且受风流影响,粉尘扩散速度快。为了保护矿工身心健康,根据支架移架产生粉尘的扩散规律以及惯性沉降理论,设计支架封闭控尘装置。装置的设计原理如下:

① 缩短矸石以及粉尘颗粒的下降高度，这样可以减小粉尘因下降产生较大的重力势能而产生的较大冲量，从而避免矸石以及粉尘颗粒与地面碰撞，造成二次扬尘。

② 应该避免矸石及粉尘颗粒直接落入人行区。装置设计时可以考虑配套导尘槽，将矸石、粉尘排入非人员作业区。

③ 支架移架产生的粉尘比较分散，粉尘扩散比较快，设计装置时可以考虑将装置设计成密闭空间，并且使矸石、粉尘只能从单一出口集中排出，以避免造成粉尘扩散污染。

（2）支架封闭控尘收尘装置设计

① 装置整体结构设计

根据支架封闭控尘原理，结合大采高支架的结构及对主要产尘点的分析，提出了两种结构类型的封闭控尘装置。如图 3-48 所示。

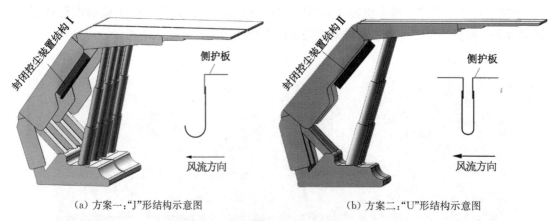

（a）方案一："J"形结构示意图　　　　　　　（b）方案二："U"形结构示意图

图 3-48　支架封闭控尘装置结构形式示意图

方案一的支架封闭控尘装置结构呈"J"形，如图 3-48（a）所示，安装于掩护梁侧护板内侧，随本架移架前移，结构相对简单，但是下风侧相邻架移架时，不能完全覆盖产尘源；方案二封闭控尘装置结构呈"U"形，如图 3-48（b）所示，安装于两支架相邻侧护板内侧，采取滑轨滑移的方式补偿支架移架时对控尘装置的拉扯，结构相对复杂，但是能完全覆盖产尘源。因此，经过井下实地考察及方案对比论证，为了达到更好的粉尘控制效果，选择方案二的结构形式。

② 挡板的设计

为了减轻装置的重量，并保证挡板有足够的强度承受接尘槽及降柱移架落尘以及大颗粒的煤、矸石等的重量，选择内有钢丝绳或尼龙的皮带作为控尘装置的挡板材料，同时在皮带上、下端钻孔后安装夹板，通过螺栓下端固定接尘槽，上端连接滑轨。设计的挡板如图 3-49 所示。

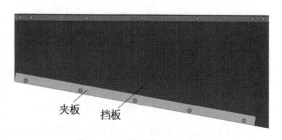

图 3-49　挡板结构示意图

③ 接尘槽的设计

接尘槽的作用是收集降柱移架产尘等，并将其导入支架后的采空区。要保证煤、矸石颗粒等散体堆积物在接尘槽上顺利自溜，则必须使接尘槽与水平面的角度 α_2 大于散体煤岩的自然安息角 α_1（如图 3-50 所示）。

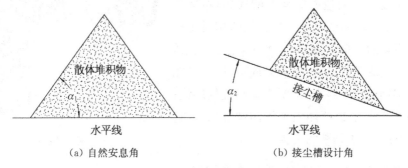

（a）自然安息角　　　　　　　（b）接尘槽设计角

图 3-50　安息角与接尘槽设计角度

自然安息角大小与颗粒物种类、粒径等因素有关。常采用圆筒法对散体颗粒自然安息角进行测定。测量不同粒径的散体堆积物自然堆落后，散体堆积物坡面的竖直高度 h 与坡面的水平距离 l，通过下式计算出自然安息角 α_1。

$$\alpha_1 = \arctan \frac{h}{l}$$

12513 综采工作面降柱移架产尘以煤尘及煤颗粒物为主，在接尘槽设计角度偏小的情况下，大颗粒的煤会产生堆积，日积月累，从而导致控尘装置的结构因超载而被破坏。因此，对接尘槽中的煤散体堆积物进行筛分后，选取 2 mm、6 mm、10 mm 三种代表性的粒径进行自然安息角的测量。对不同粒径下的每组煤体分别测量 3 次，最终结果取平均值。实验结果如表 3-17 所示。

表 3-17　煤体自然安息角

粒径/mm	垂直高度/cm	水平长度/cm	自然安息角/°
2	8.2	19.2	40.5
6	7.9	18.9	39.9
10	7.1	18.5	37.5

由表 3-17 分析知，煤体自然安息角随着粒径的不断增大而呈现出变小的趋势，这主要是因为随着粒径的增大，煤粒间空隙率变大，摩擦力减小。综合考虑，选择 2 mm 粒径煤体颗粒对应的自然安息角 40.5°，作为接尘槽角度计算的依据。

因控尘装置安装在支架掩护梁上，当工作面初采或支架遇到工作面采高降低时，掩护梁与水平方向角度相应减小，安装在掩护梁上的控尘装置其接尘槽的角度也相应减小，因此，为了更顺畅地使降柱移架产尘滑落，接尘槽的设计角度取 45°，接尘槽的长度为掩护梁与顶梁铰接处到支架电缆悬挂点的长度。

④ 滑轨的设计

采煤机割煤后，空顶面积增大，需要及时移架，减小控顶距，以避免顶板事故的发生。移架步距为采煤机截割煤层的厚度，在大采高工作面，此距离一般为 865 mm。为了避免支架移架对封闭控尘装置的反复拉扯而造成结构上的损坏，本装置采用滑轨的方式，对移架过程中两支架的相对位移进行补偿。滑轨的结构如图 3-51 所示，主要由轨道和滑车两部分组成。轨道呈"口"形，底边开口，其宽度比滑车支架钢板厚度略宽，给滑车运移提供路线；滑车支架呈"T"形，上边两侧安装深沟球轴承，下边钻孔，通过螺栓固定于挡板的夹板。

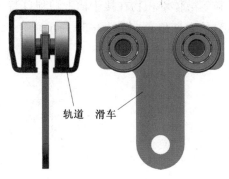

图 3-51　滑轨

3.4.5　支架封闭控尘收尘装置实验室试验

考虑到采煤推进的过程中液压支架需要不断移动，为了保证支架在移动过程中，不会出现干涉以及变形等情况，对支架封闭控尘装置进行了实验室试验，如图 3-52 所示。试验中发现，该装置安装简单，可移动性好，利用石膏粉进行导尘试验模拟，发现由于橡胶太粗糙，石膏粉与橡胶之间的摩擦阻力比较大，导致垮落的石膏粉不能及时导出，导尘效果不理想。

图 3-52　支架封闭控尘实验室实验图

针对封闭控尘装置实验室试验中存在的问题，对装置的接尘槽进行了改进。接尘槽改用不锈钢材料，与挡尘板之间通过吊环连接，如图 3-53 所示，这样减少了粉尘与接尘槽之间的摩擦阻力，利于导尘。

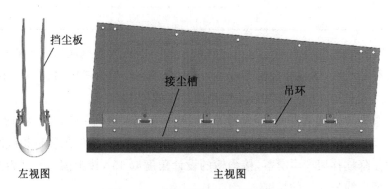

左视图　　　　　　　　　　　主视图

图 3-53　支架封闭控尘装置优化图

3.4.6　液压支架封闭控尘装置工业性试验

为了验证顶板预湿润煤层抑尘技术及液压支架封闭控尘装置的配套控尘效果,将支架封闭控尘装置应用到综采面进行现场试验,将该装置安装在工作面第130架支架处(距进风口40 m),如图3-54所示。本次测试利用CCZ20A测尘仪对控尘装置安装前后其正下方及下风侧5 m位置进行两次呼吸性粉尘浓度测试,样品烘干后利用电子天平进行称量计算,取两次结果的平均值作为每个测点的粉尘浓度,其测试结果如表3-18所示。

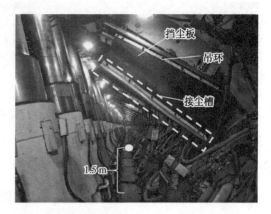

挡尘板
吊环
接尘槽
1.5 m

● —粉尘封浓度测点

图3-54　支架间封闭导尘装置现场试验布置图

表3-18　支架尘源治理效果测试结果

序号	采样位置	粉尘类别	使用前浓度 /(mg·m^{-3})	使用后浓度 /(mg·m^{-3})	降尘效率/%	备注
1	装置正下方	呼吸性粉尘	114.6	7.2	93.72	采煤机未割煤
2	装置下风侧5 m	呼吸性粉尘	98.7	6.7	93.21	采煤机未割煤

从表3-18可以看出,通过采取将支架顶板预湿煤层与支架封闭控尘相结合的技术,有效解决了支架降柱移架粉尘对人行侧的污染问题。在装置正下方及下风侧5 m的呼吸带高度位置,降尘效率分别达到93.72%、93.21%,大大改善了工作面人行区域的环境。

综上可知,研究得出的液压支架顶板预湿润煤层抑尘技术及支架封闭控尘装置现场降尘效果较好,达到任务要求的降低90%以上人行侧呼吸性粉尘的目标。

3.5　负压除尘和微雾净化技术及装备研究

3.5.1　技术原理

针对悬浮在采煤工作面的呼吸性粉尘,拟采用负压除尘微雾净化进行治理,尽可能多地将悬浮在空气中的呼吸性粉尘吸入至除尘装置内进行净化处理,同时,利用风送式喷雾形成细微雾粒,并利用风流扰动强化高大空间内悬浮粉尘与细微雾粒之间的凝结和沉降,其原理如图3-55所示。

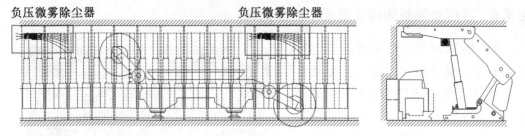

图 3-55　负压除尘及微雾净化技术原理图

3.5.2　技术方案

本研究拟首先根据综采工作面液压支架结构特点及生产工艺,结合数值模拟实验研究吸尘风量与除尘器布置间距与降尘效果之间的关系,得到最佳的吸尘口处理风量与布置间距;然后采用实验室试验和现场试验的方法,研究在一定处理风量条件下,风送式喷雾流量、喷雾方向与降尘效果之间的关系,得到风送式喷雾的最佳技术参数;再开展负压除尘微雾净化装置及其配套工艺研究,确定装置最佳的外形结构、内部结构、安装位置、固定方式、供水供电、污水排放等;最后开展现场工业性试验,对装置的除尘、降尘效果以及适用性、可靠性进行考察,并对装置的结构及参数进行改进和完善。具体技术路线如图 3-56 所示。

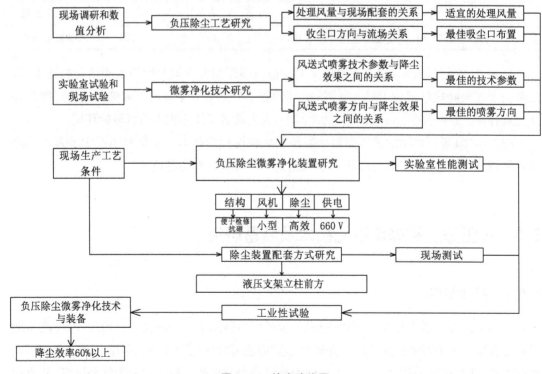

图 3-56　技术路线图

3.5.3　负压除尘及微雾净化技术关键工艺参数研究

（1）负压除尘工艺参数数值模拟研究

① 数值模型建立

为了获得最佳负压除尘及微雾净化技术关键工艺参数，利用数值模拟方法对负压除尘及微雾净化技术除尘器风量及安装布置间距对大采高综采工作面粉尘运移分布规律的影响进行研究。研究以神东补连塔煤矿 12513 综采面为工程背景，利用 solidworks 软件建立数值计算模型，如图 3-57 所示。

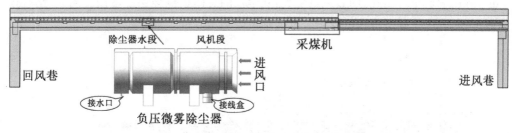

图 3-57　补连塔煤矿 12513 综采面三维模型

② 网格划分

将建立的综采面模型导入 ICEM-CFD 中，进行网格划分。在模拟计算中考虑到巷道的实际情况比较复杂决定采用较好适应性的非结构化网格进行划分。共生成 1 017.696 1 万个网格，由于网格数量对数值模拟结果准确性影响很大，故对网格进行自适应调整，确保较小的尺寸扭曲率和角度扭曲率。

③ 计算参数设置

将划分好的网格文件导入 FLUENT 求解器设置边界条件。选择基于压力的求解器，稳态，求解。重力加速度设置为 9.81 m/s²。Viscous Model 选择 k-epsilon、Realizable，Discrete Phase 中，打开风力粉尘耦合器设置，Injection Type 设置为 surface，颗粒材料类型选择 Coal-hv。粉尘粒径根据实验室粉尘粒度分析仪测试报告，设置 Minimum particle diameter of dust（m）、Maximum particle diameter of dust（m）、Medium particle diameter of dust（m）分别为 1×10^{-6} m，1×10^{-4} m，2×10^{-5} m，入口类型选择速度入口，出口类型为 outflow。求解器类型选用 SIMPLE，迎风方式选二阶迎风。计算时，待风流结果收敛之后再加入颗粒相。最后利用 CFD-POST 对结果进行定性、定量分析。

④ 不同处理风量对工作面粉尘场影响分析

图 3-58 表示的是负压微雾除尘器不同处理风量时工作面粉尘浓度分布变化情况。考虑到除尘器的影响范围有限，为了更清楚地展示除尘器对工作面粉尘的影响，本次只截取了采煤高度方向上 $Y=4.0$ m、4.5 m、4.7 m 三个平面负压微雾除尘器前后 35 m 范围。从图中可以看出，随着高度增加，采煤机滚滚筒割煤产生的粉尘污染范围增加，并且在 $Y=4.5$ m 以下空间，采煤机尘源与液压支架尘源出现明显的汇集，合并污染现象严重。负压微雾除尘器

的安装对其所在位置前后方粉尘现象有明显的改善作用,这主要是由于除尘器形成了负压作用,含尘气流被卷入除尘器内部,通过除尘器净化最后形成污水排出。另外,经过过滤除尘段含有水分的空气在射流作用下将后喷雾细小粒径的水雾扩散至装置下风流区域。同时,从图 3-58 中还发现,随着除尘器处理风量从 90 m^3/min 增加到 150 m^3/min 时,工作面粉尘污染情况得到改善,特别是在除尘器附近。然而,当除尘器处理风量从 150 m^3/min 增加到 180 m^3/min 时,除尘器附近风尘无线紊乱情况,特别是在除尘器所在平面上风侧,还形成了一条长约 8 m 的稳定粉尘浓度带。可能是由于除尘器风量过大,其所在空间周围形成了局部不稳定气流场,导致粉尘扩散。通过上述分析,认为负压微雾除尘器最佳处理风量在 120 m^3/min～150 m^3/min 之间,风量变大,除尘器的总体积也会相应增加。因此,结合现场除尘器可安装空间,确定负压微雾除尘器处理风量为 120 m^3/min。

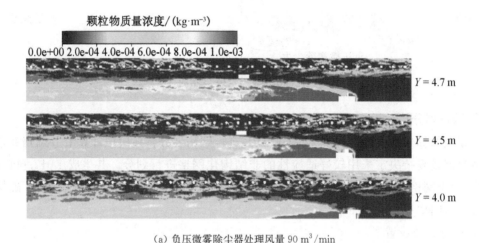

(a) 负压微雾除尘器处理风量 90 m^3/min

(b) 负压微雾除尘器处理风量 120 m^3/min

颗粒物质量浓度/(kg·m⁻³)

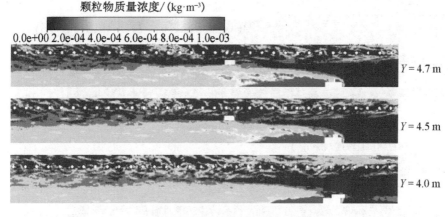

(c) 负压微雾除尘器处理风量 150 m³/min

颗粒物质量浓度/(kg·m⁻³)

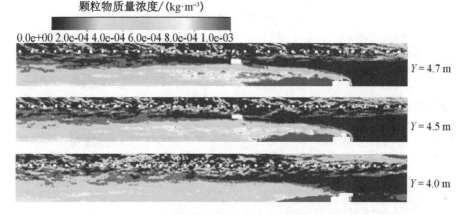

(d)负压微雾除尘器处理风量 180 m³/min

图 3-58　负压微雾除尘器不同处理风量时粉尘浓度分布图

⑤ 不同布置间距对工作面粉尘场影响研究

图 3-59 表示的是负压微雾除尘器不同布置间距时工作面粉尘浓度分布变化情况(负压微雾除尘器处理风量为 120 m³/min)。本次只截取了采煤高度方向上 $Y=4.0$ m、4.5 m、4.7 m 三个平面,X 范围为 110~265 m。从图中可以看出,采煤机滚筒割煤产生的粉尘分布比较集中,而液压支架降柱移架产生的粉尘在向下风侧扩散的过程中比较分散,布置负压微雾除尘器后,工作面粉尘污染情况得到好转,并且发现除尘器布置间距对工作面影响较大。当除尘器布置间距为 15 m 时,除尘器前后范围的粉尘浓度有所降低,但是工作面整体粉尘扩散严重,这可能是由于除尘器布置间距过小,对原始风流造成了扰动,并且在 $Y=4.7$ m 截面高浓度粉尘积聚严重。当布置间距增大到 25 m 时,工作面整体粉尘浓度分布情况得到好转。相邻两台除尘器之间的范围均无明显高浓度粉尘存在,且截面高浓度粉尘积聚区域有所减少。当布置间距持续增加到 35 m 时,工作面粉尘浓度分布状态最佳,而布置间距增加到 50 m 时,粉尘污染较之前加重,且截面高浓度粉尘积聚范围增加。

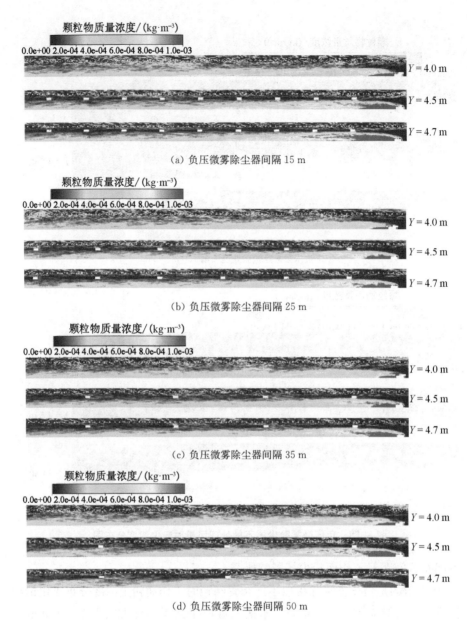

图 3-59　负压微雾除尘器不同布置距离时粉尘浓度分布图

　　因此,综合上述研究认为,负压微雾除尘器最佳布置间距在 25～35 m 范围内。考虑到工作面的实际情况,确定负压微雾除尘器最佳布置间距为 35 m。

　　(2) 微雾净化技术研究

　　① 风送式远程喷雾压力对雾滴扩散影响试验研究

　　风送式喷雾的压力对于喷雾的扩散、沉积有较大的影响,从而直接影响微雾净化效果。为了得出压力对喷雾扩散的影响关系,进行了风送式远程喷雾雾滴扩散实验室试验,如图 3-60 所示。在出风口前方的地面上,沿出风口轴线 x 轴方向每隔 500 mm 设置一组测点,在出风口横向 y 轴方向,每隔 500 mm 设置一个测点,采用纸杯收集风送式远程喷雾机前方降落的雾滴,然后采用天平对纸杯收集降落雾滴后的重量进行称量并计算增重。

图 3-60　出风口雾滴扩散沉降测量测点布置

在风量为 120 m³/min 时,调节喷雾供水压力分别为 1 MPa、2 MPa 和 2.5 MPa,对风送式远程喷雾机出风口处的雾滴扩散沉积量进行测量。图 3-61 为出风口轴线投影到地面处的雾滴沉积测量结果。图 3-62 和图 3-63 分别为喷雾压力 1 MPa 和 2 MPa 时出风口径向雾滴沉降测量结果。

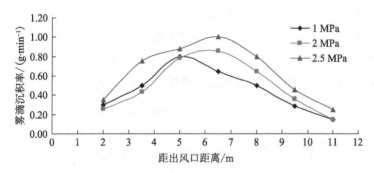

图 3-61　出风口轴线处雾滴沉积测量结果

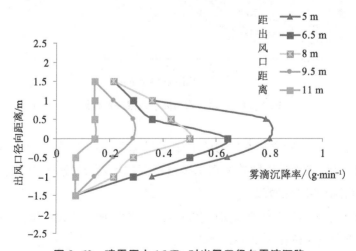

图 3-62　喷雾压力 1 MPa 时出风口径向雾滴沉降

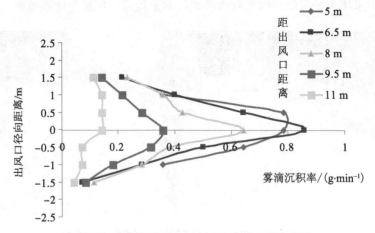

图 3-63　喷雾压力 2 MPa 时出风口径向雾滴沉降

分析图 3-61 可以看出，在风量为 120 m³/min 时，雾滴在风流带动下向出风口前方扩散，雾滴的沉积主要集中在距出风口距离为 4～8 m 范围内，并且随着喷雾压力的提高，同一地点处的雾滴沉积量也随之增大。风送式远程喷雾降尘装置工作时，为提高降尘效率，可适当提高喷雾压力以增加雾滴数量，增加雾滴和粉尘碰撞凝聚的概率，从而提高降尘效果。

② 风送式喷雾压力与降尘效果关系研究

通过现场试验，进一步研究风送式喷雾压力与降尘效果关系。现场压力调节与实验室保持一致，供水压力分为 1 MPa、2 MPa 和 2.5 MPa。在人行侧呼吸带高度沿喷雾方向间隔 1 m 布置测点，共布置 8 个测点。测得风送式喷雾降尘效果如图 3-64 所示。

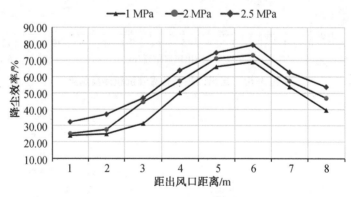

图 3-64　供水压力与降尘效果关系曲线

从图 3-64 可以看出，随着供水压力的增加，降尘效果也随着增加，这与试验结果保持一致。并且在测试范围，降尘效果随着距离出风口距离增加，出现先增加后减小的趋势，在距离出风口 6 m 时，降尘效果最好。

综合上述研究结果，且结合现场实际供水能力，要保证风送式喷雾达到较好的降尘效果，喷雾的供水压力应保持在 2.0～2.5 MPa。

③ 风送式喷雾方向与降尘效果关系研究

通过井下实地调研发现,风送式喷雾方向会对工作面风流产生一定影响,进而影响降尘效率。因此,设计了几种喷雾方向不同的简易装置,进行现场试验。试验中供水压力为 2 MPa,喷雾方向 θ 取 90°、60°、45°、30°。其方向布置如图 3-65 所示。在距离出风口 3 m、6 m 的下风侧人行侧呼吸带高度布置两个测点对其进行降尘效果测试。测试结果如表 3-19 所示。

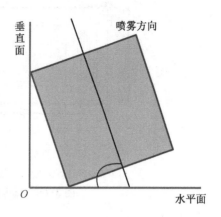

图 3-65　喷雾方向布置图

表 3-19　不同喷雾方向时的降尘效果测试结果

工况	测点	粉尘浓度/$(mg \cdot m^{-3})$		降尘效率/%
		原始粉尘	使用风送式喷雾后的粉尘浓度	
$\theta \doteq 90°$	1	38.5	15.1	60.78
	2	36.3	10.6	70.80
$\theta = 60°$	1	39.1	18.4	52.94
	2	37.2	13.2	64.52
$\theta = 45°$	1	38.9	18.9	51.41
	2	36.9	16.2	56.10
$\theta = 30°$	1	39.2	23.1	41.07
	2	37.4	21.3	43.05

从表 3-19 可以看出,喷雾方向对装置的降尘效果有较大的影响。随着喷雾方向与风流方向之间角度的增大,其降尘效率不断减小。这主要是由于喷雾方向与风流之间的角度增加时,喷雾的雾流场对风流场造成了扰动,导致喷雾对人行侧附近的降尘作用减弱。

因此,通过对上述研究结果分析得出,喷雾方向应与风流方向平行,即 $\theta = 90°$。

3.5.4　负压除尘及微雾净化装备研究

(1) 负压除尘及微雾净化装备结构设计

① 总体结构设计

通过对补连塔煤矿 12513 综采面液压支架立柱前方可利用空间详细调研,以及前期负压微雾除尘器关键工艺参数研究,确定此次负压微雾除尘器总体尺寸 1 800 mm×819 mm×739 mm,机载除尘器主要由五部分组成:前喷雾、风机段、过滤除尘段、污水箱、后喷雾,其结构如图 3-66 所示。除尘器设计处理风量为 120 m³/min,相邻两台布置间距为 35 m,安装于液压支架前立柱侧靠近煤壁方向,选用淄博风机厂生产的 YBF2-132S-1 配套风机。

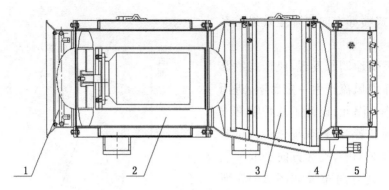

1—前喷雾；2—风机段；3—过滤除尘段；4—污水箱；5—后喷雾

图 3-66　负压除尘微雾净化装置图

除尘器具体技术参数如表 3-20 所示。

表 3-20　技术参数

项目	技术参数
最大处理风量	120 m^3/min
总尘除尘效率	≥97%
呼吸性粉尘除尘效率	≥90%
脱水效率	≥95%
工作阻力	1 000 Pa
漏风率	≤5%
输入电压	660/1 140 V
额定功率	5.5 kW
额定转速	2 900 r/min
工作噪声	≤85 dB(A)

② 前喷雾与后喷雾设计

利用试验平台测得除尘器前端喷雾的用水量与电机负载、功率的关系，如图 3-67 所示。

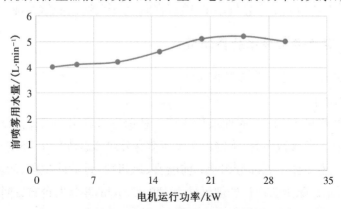

图 3-67　前喷雾用水量与电机运行功率之间的关系曲线

由图 3-67 可知,前喷雾用水量的增加将直接增大电机的运行功率,为此前喷雾用水量不应超过 15 L/min。考虑喷雾用水为支架喷雾用水,喷雾压力在 5～8 MPa,喷雾需产生粗粒径水雾,因此选用实心锥形喷嘴,喷嘴个数为 6 个。其结构如图 3-68 所示。

后喷雾为净化喷雾,要求其在同风速条件下扩散距离更远,为达到更好的扩散距离,选用空心微雾喷嘴,喷雾粒径在低压(2～3 MPa)时可达到 50～70 μm,后喷雾设计为圆环状,喷嘴共 12 个。其结构如图 3-69 所示。

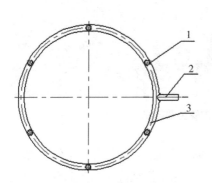 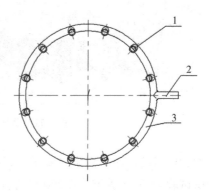

1—喷嘴接头;2—进水接头;3—喷雾架　　　　　1—喷嘴接头;2—进水接头;3—喷雾架

图 3-68　前喷雾结构图　　　　　　　图 3-69　后喷雾结构图

③ 除尘过滤段设计

此次设计的负压微雾除尘器跟前面所述机载除尘器一样,都为湿式除尘器。故在两种除尘器的除尘过滤段的研究中采用的研究方法及试验方法相同。同样采取试验方法对过滤段风速对降尘效率影响,波纹板板间距、波纹板弯折角度,以及波纹板弯折个数对除雾器的影响开展研究。

通过研究得出此次负压微雾除尘器过滤段面尺寸为 694 mm×562 mm,波纹板板间距 26 mm,波纹板弯折角度 90°,波纹板弯折个数 3,过滤网采用 6 层 20 目不锈钢丝网。其结构如图 3-70 所示。

④ 电机选型

电机选用矿用电机,电压等级为 1 140/660 V,转速为 2 940 r/min。另依据装置的外形尺寸中最小尺寸为装置宽度 W,在其不大于 800 mm 的情况下,还需考虑高转速下降噪声的问题,选用的电机型号是 YBF2-132S-1,电机功率 5.5 kW。实测在阻力为 400 Pa 时,其处理风量为 150 m³/min。

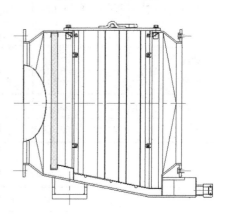

图 3-70　除尘过滤段结构图

(2) 负压除尘及微雾装备样机研制及实验室测试

根据前期研究结果,对采煤机随机抽尘净化装备进行样机研制,样机如图 3-71 所示。

图 3-71　负压微雾除尘器样机

　　为了检验样机的性能是否满足要求,对研制的样机进行实验室除尘效率测试试验。降尘效率测试试验中,发尘类型为 3 000 目滑石粉。首先在机载除尘器入口和出口处采集粉尘样品,进行粉尘粒度分布测试,其结果如表 3-21 所示;然后通过在机载除尘器进风口端面均匀布置 8 个测点,测出原始粉尘浓度。在除尘器的出风口端再同样对 8 个测点进行浓度测试,每个测点测三次,采样流量 20 L/min,采样时间 2 min,取三次平均值,则得出机载除尘器的降尘效率。结果如表 3-22 所示。

表 3-21　粉尘粒度分布

采样地点	编号	粒径/μm								
		150	100	80	60	50	40	30	20	10
入口	1	0.40	4.96	9.86	21.60	33.52	43.30	57.10	73.90	86.15
出口	2	0.25	3.82	8.64	11.55	23.77	34.55	45.62	58.6	73.06

采样地点	编号	粒径/μm							
		8	7	6	5	4	3	2	1
入口	1	90.24	93.95	95.38	97.39	97.89	98.96	99.55	99.99
出口	2	79.33	83.18	90.97	92.64	95.01	96.53	98.58	99.99

表 3-22　除尘器除尘效率实验室测试结果

采样位置	浓度/(mg·m⁻³)		总粉尘降尘效率/%	呼吸性粉尘降尘效率/%
	原始浓度	经除尘器处理后浓度		
测点 1	7 052.5	80	98.87	96.85
测点 2	3 930	70	98.22	95.05

续表

采样位置	浓度/(mg·m⁻³)		总粉尘降尘效率/%	呼吸性粉尘降尘效率/%
	原始浓度	经除尘器处理后浓度		
测点 3	4 830	35	99.28	97.99
测点 4	7 295	32.5	99.55	98.76
测点 5	5 172.5	95	98.16	94.89
测点 6	6 272.5	35	99.44	98.45
测点 7	5 820	82.5	98.58	96.06
测点 8	5 672.5	72.5	98.72	96.45
平均降尘效率	—	—	98.85	96.81

分析表 3-22 可以得出,研制的负压微雾除尘器总粉尘平均降尘效率达 98.85%,呼吸性粉尘平均降尘效率达 96.81%。除尘效果较好,满足设计要求的总粉尘降尘效率大于 97%,呼吸性粉尘降尘效率大于 90%的任务指标。

(3)负压除尘及微雾净化技术配套工艺研究

负压除尘微雾净化装置拟安装在紧邻支架立柱顶梁位置,装置吸尘口正对风流方向或朝人行道倾斜、出风口朝向下风侧,向煤壁侧倾斜,气、水供给从支架引出,污水利用软管引至工作面底板,电源从支架内取电,电源电缆沿支架顶部布置。其现场布置图如图 3-72 所示。

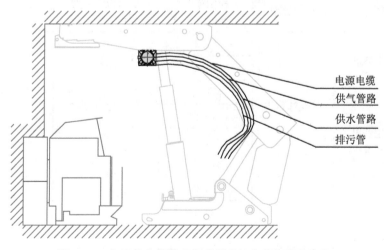

电源电缆
供气管路
供水管路
排污管

图 3-72 负压除尘微雾净化装置现场安装布置示意图

3.5.5 负压除尘及微雾净化技术现场工业性试验研究

为了验证负压除尘及微雾装备的现场实用性及降尘效果,将其应用于补连塔 12513 综采面进行现场试验。负压除尘微雾净化装置吊挂于该工作面 99♯ 支架,现场安装效果图如图 3-73 所示。

图 3-73　负压除尘微雾净化装置现场效果图

根据试验方案,采用 CCZ20 型呼吸性粉尘采样器,利用天平称重法,对负压除尘微雾净化技术效果进行考察。主要布置三个测点:除尘器进风口 2 m 和除尘器出风口 2 m 及 99♯支架人行道呼吸带高度,测试时采煤机在上风侧割煤作业,位于距 99♯ 支架 50 m 位置。具体测试结果如表 3-23 所示。

表 3-23　负压除尘微雾净化装置的粉尘浓度测试结果

序号	测试地点	粉尘类型	粉尘浓度/(mg·m⁻³)	平均粉尘浓度/(mg·m⁻³)	降尘效率/%
1	除尘器进风口 2 m	呼吸性粉尘	57.3	69.5	85.4
2			78.4		
3			72.9		
4	除尘器出风口 2 m		10.5	10.1	
5			9.7		
6			10.2		
7	支架行人侧呼吸带高度	呼吸性粉尘	35.0	37.3	69.2
8			36.1		
9			40.8		
10			9.2	11.5	
11			13.1		
12			12.4		

由表 3-23 可知:开启负压除尘微雾净化装置前后呼吸性粉尘的平均浓度为

69.5 mg/m³ 和 10.1 mg/m³，呼吸性粉尘的降尘效率为 85.4%。在 99♯支架行人侧呼吸带高度的呼吸性粉尘浓度由 37.3 mg/m³ 降至 11.5 mg/m³，降尘效率为 69.2%，达到任务要求的降低呼吸性粉尘 60% 以上目标。

3.6　大采高综采面粉尘综合防治技术应用

为了检验上述研究成果"气水喷雾＋机载除尘＋支架封闭控尘收尘＋高位抽尘与微雾净化"对大采高综采面粉尘综合治理效果。在神东补连塔煤矿 12513 大采高综采面进行了综合集成应用。此次效果检测共布置 4 个测点，均位于支架行人侧呼吸带高度。测点 1 位于支架封闭控尘装置下风侧 5 m 处，即是采煤机上风侧滚筒对应的司机位置；测点 2 布置于采煤机下风侧滚筒对应的司机位置；测点 3 布置于采煤机机身下风侧 15~20 m 位置；测点 4 布置于回风巷距工作面 10~15 m 位置。采用 CCZ20 型呼吸性粉尘采样器对测点进行采样，每个测点采样三次，取其平均值。测得结果如表 3-24 所示。

表 3-24　综合降尘效果的粉尘浓度测试

测试地点	原始呼吸性平均 粉尘浓度/(mg·m⁻³)	采取措施后平均 呼吸性粉尘浓度/(mg·m⁻³)	降尘效率 /%
测点 1	285.2	20.6	93
测点 2	148.4	12.7	91
测点 3	79.6	7.8	90
测点 4	50.5	4.6	91

现场综合应用表明，研发的 4 种降尘装置使用正常，呼吸性粉尘综合降尘效果达到 90% 以上，效果显著，能够有效解决大采高综采面粉尘污染问题。

3.7　小结

针对大采高综采面粉尘污染严重问题，本章通过现场调研、理论分析、实验室研究、现场工业性试验相结合的研究方法，以神东补连塔 12513 大采高综采面为研究背景，通过详细分析大采高综采面采煤工艺、产尘特点及粉尘运移分布规律，开展了远射程低耗水型气水喷雾器、含尘风流控制与净化技术、采煤机随机抽尘净化技术与装备、液压支架顶板预湿润煤层抑尘技术、液压支架封闭控尘收尘技术及装备、负压除尘及微雾净化技术及装备等方面研究。旨在为彻底解决大采高综采面粉尘污染问题及今后针对大采高综采面粉尘防治研究提供新思路。本章取得的主要研究结论如下：

（1）通过详细调研神东矿区大采高综采工作面原始粉尘浓度粉尘粒度分布、供水供气条件、雾流覆盖范围要求等情况,结合项目组人员前期理论、试验研究基础,试制了27种不同结构参数的内混式气水喷雾器。利用多普勒激光雾粒实验室对6种结构具有代表性喷雾器进行了气压变化下的喷雾器耗气量、射程及雾化效果试验,得出:在水压一定时,随着供气压力的增加,喷嘴的三个关键内部结构参数尺寸与耗气量、射程成正比;压气喷嘴空气帽直径与喷嘴的雾化效果成反比,即空气帽直径越大,喷雾雾化后粒径尺寸越大,粒径分布范围越广,小尺寸粒径占比越小。根据试验结果确定了本次远射程低耗水型气水喷雾器最佳结构为气道直径 $d_1=4$ mm、水道直径 $d_2=5$ mm、空气帽直径 $d_3=4$ mm。在无风条件下,水压 0.4 MPa,气压 0.6 MPa 时的该类型喷嘴的有效射程可达到 8 m,耗水量 2 L/min,耗气量 100 L/min。

(2) 得出了气水喷雾与工作面风流的影响关系,并通过分析其影响机理,得出了工作面气水喷雾布置组数的初步设计范围为大于5组;根据气水喷雾的配套使用要求,研制了新型的气水联动控制阀。通过在煤矿现场进行不同喷雾组数、气压及水压的降尘效果试验,得到了喷雾组数、气压及水压与工作面降尘效率之间的关系,确定了最佳含尘风流控制与净化技术工艺参数为喷雾组数8组,气压 0.5 MPa,水压 3 MPa。现场效果测试表明,顺风割煤时,下风侧司机处与采煤机下风侧 15~20 m 处降尘效率分别为 66.41% 和 71.63%;逆风割煤时,下风侧司机处与采煤机下风侧 15~20 m 处降尘效率分别为 68.4% 和 67.56%。

(3) 通过大量数值模拟实验,掌握了机载除尘器吸尘口风量、位置与工作面风流、粉尘的影响关系,以及不同参数下的降尘效率。通过对比采煤机随机抽尘净化技术关键工艺参数数值模拟结果及现场实际条件,确定最佳抽尘净化效果的机载除尘器吸尘口处理风量为 180 m³/min,吸尘口下缘距底板高度为 1.65 m;通过实验室试验,得出了机载除尘器呼吸性粉尘控制单元最佳结构、材质、风速及喷雾方式等关键影响参数,以此为基础,研制了采煤机用机载除尘器,通过实验室样机降尘效果测试,其研制的样机总粉尘平均降尘效率达 98.31%,呼吸性粉尘平均降尘效率达 95.29%。根据研制的样机进行现场配套工艺研究,确定了最佳布置及配套工艺。经现场工业性试验表明顺风割煤时采煤机下风侧司机处、采煤机下风侧 15~20 m 处呼吸性粉尘降尘效率分别为 63.1%、70.0%。逆风割煤采煤机下风侧司机处、采煤机下风侧 15~20 m 处呼吸性粉尘降尘效率分别为 73.2%、77.1%。

(4) 清楚掌握了大采高综采面液压降柱移架尘源粉尘扩散规律,其主要表现为:移架产生的粉尘在风流影响下首先发生横向扩散,随后大部分粉尘随风流扩散到人行区域。高浓度粉尘团向底板扩散距离最远达 3.4 m。同时在距尘源 10 m 处粉尘扩散到人行道呼吸带高度形成了一条粉尘浓度在 300~450 mg/m³ 的长约 50 m 的粉尘带。在距尘源 45 m 之后,工作面粉尘浓度基本稳定在 250 mg/m³ 左右;研制了一种对喷式支架侧护板结构,利用8组喷雾能够取得 80% 以上的呼吸性粉尘降尘效果,但对人员作业环境会造成影响。为此,又根据液压支架产尘规律及支架结构形式,研制了一种滑移式液压支架封闭控尘装置,该装置能够实现降柱移架过程中洒落粉尘及预湿煤体落水的有效密闭,经过现场应用测试效果分析得出,该技术对支架移架产尘有很好的控尘作用,在尘源附近的降尘效率达到 93% 以上,极大地改善了工作面人行区域粉尘污染问题。

（5）得到了负压除尘装备不同处理风量与不同布置间距对工作粉尘的影响规律，确定了负压除尘技术的最佳工艺参数为处理风量为 120 m^3/min，布置间距为 35 m。通过实验室及现场试验，分析得到了喷雾压力对雾滴扩散、降尘效率以及喷雾方向对降尘效率之间的影响关系曲线，分析得出了最佳微雾净化技术关键参数；基于理论研究结果，研制了新型的负压除尘及微雾净化装备，经实验室检测，研制的样机总粉尘平均降尘效率达 98.85％，呼吸性粉尘平均降尘效率达 96.81％。现场工业性试验表明，在装置出风口 2 m 附近呼吸性粉尘的降尘效率为 85.4％，在支架行人侧呼吸带高度的呼吸性粉尘降尘效率为 69.2％。

（6）研究所形成的四种防尘技术及装备在补连塔 12513 大采高综采面综合应用试验结果表明，防尘技术可靠，装备运行稳定、可靠，工作面呼吸性粉尘综合降尘效率在 90％以上。所有指标均达到任务书下达指标要求。

第四章 综掘面通风除尘与风流自动调控技术及装备

4.1 综掘面通风除尘压抽风流协调机制研究

4.1.1 基于附壁射流控尘的综掘面通风除尘压抽风流协调基础理论

附壁射流控尘就是利用风流附壁效应原理,将压入式通风的轴向风流变为径向风流并在工作面前方除尘器负压抽吸的作用下,形成向掘进工作面逐渐推进的风墙,从而将掘进机截割的粉尘抑制在距离掘进工作面一定的范围内。

(1)附壁射流控尘机理

假设综掘巷道中含尘气体的运动为重力场作用下的稳流运动,以及是理想不可压缩流体沿流线或无旋流场的运动,则对于某一巷道断面上任意两个单位体积为 V_1、V_2 的含尘气体而言(如图 4-1 所示),由流体力学中贝努利方程可知:

$$p_1 + \rho g z_1 + \frac{v_1^2}{2g} = p_2 + \rho g z_2 + \frac{v_2^2}{2g} = C \tag{4-1}$$

式中: p_1、p_2 为流体静压强,Pa; ρ 为流体密度,kg/m³; g 为重力加速度,m/s²; z_1、z_2 分别为 V_1、V_2 处标高,m; v_1、v_2 分别为 V_1、V_2 处含尘气体的流速,m/s; $\rho g z_1$、$\rho g z_2$ 分别为 V_1、V_2 处含尘气体的位压, $v_1^2/2g$、$v_2^2/2g$ 分别为 V_1、V_2 处含尘气体的动压; C 为常数。

对于水平巷道而言,可以假设 $z_1 = z_2$,则式(4-1)变为:

$$p_1 + \frac{v_1^2}{2g} = p_2 + \frac{v_2^2}{2g} = C \tag{4-2}$$

如图 4-1 所示,利用控尘设备在巷道中生成沿巷道壁旋转的径向气流。 r_1 和 r_2 分别为 V_1、V_2 含尘气体到附壁风筒径向出风口的距离。由于 $r_1 > r_2$,根据流体动力学有 $v_1 > v_2$,则由式(4-2)可知 $p_1 < p_2$,即 V_1 处的静压小于 V_2 处的静压。由于气体压力差的存在,使得 V_2 处的含尘气体流向 V_1 处,即产生所谓的附壁效应。

综掘工作面长压短抽通风除尘系统主要由供风系统、控尘装

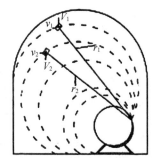

图 4-1 附壁风筒产生旋转风流示意图

置、除尘器、负压抽尘风筒和集尘罩等组成,具体结构如图 4-2 所示。

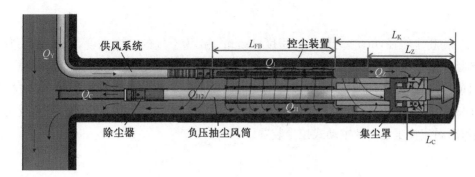

图 4-2　综掘工作面长压短抽通风除尘系统

在风筒的侧壁面开设一条径向出风口,将原压入式风筒供给综掘工作面的轴向气流改变为向巷道壁的径向气流,并以一定的旋转速度吹向整个巷道断面及周壁,即产生气流的附壁效应;同时,在掘进迎头除尘器产生的负压作用下,形成一股具有较高动能、不断向掘进迎头发展的螺旋线状气流,即旋转气流。最终,旋转气流在掘进机司机前侧建立起阻挡粉尘向外扩散的空气幕障,阻挡掘进机工作时产生的粉尘向外扩散,使其只能进入除尘器而被净化,从而提高综掘工作面的降尘效率。由于附壁效应,旋转风流在控制工作面粉尘扩散的同时,吹散工作面顶板及巷道周壁瓦斯,能有效防止综掘工作面瓦斯局部积聚,有利于保证工作面安全生产。

从图 4-2 可以看出,综掘工作面的降尘效果,主要受到供风系统压入风量 Q_Y、附壁风筒径向出风量 Q_J、附壁风筒轴向出风量 Q_Z、除尘器抽出风量 Q_C、控尘距离 L_K(附壁风筒径向出风口距工作面迎头距离)、轴向出风距离 L_Z(轴向供风风筒距工作面迎头距离)、抽出距离 L_C(集尘罩距工作面迎头距离)等因素影响。附壁风筒轴向出风主要是为稀释工作面瓦斯,保证工作面安全。附壁风筒径向出风分为 Q_{J1} 和 Q_{J2} 两部分,其中附壁风筒大部分的径向风量 Q_{J1} 在除尘器负压作用下流向工作面迎头,阻挡粉尘向外扩散,满足轴向供风 Q_Z 扩张,同时保证重叠段巷道内风速不低于最低风速要求;附壁风筒另一部分径向出风量 Q_{J2} 沿着巷道回流流向巷道出口方向,主要是为了防止短抽重叠段出现循环风并保证巷道最低风速要求。同时,附壁风筒的长度 L_{FB} 也会影响综掘工作面的降尘效果。系统的降尘效果 y 与各因素之间的关系可以用下式表示:

$$y = f(L_K, L_Z, L_{FB}, L_C, B_{ZJ}, B_{YC}) \tag{4-3}$$

$$B_{ZJ} = Q_Z/Q_J \tag{4-4}$$

$$B_{YC} = Q_Y/Q_C \tag{4-5}$$

另外,附壁射流控尘产生的旋转气流在掘进工作面形成的旋风流场,相当于一个旋风分离器。其控制粉尘的临界粒径可由下式求得:

$$d_s \leqslant \sqrt{\frac{18\mu v_{r0} r_0}{\rho_s v_{t0}^2}} \tag{4-6}$$

式中：d_s 为粉尘粒径，m；ρ_s 为粉尘的密度，kg/m^3；μ 为空气的动力黏度，$Pa \cdot s$；r_0 为交界面的半径，m；v_{r0}，v_{t0} 分别为交界半径处的径向速度和切向速度，m/s。

目前国内主要的附壁射流控尘装置主要有附壁风筒和涡流控尘装置两种，其结构分别如图 4-3 和图 4-4 所示。两种设备都采用附壁效应原理控尘，但附壁风筒是一种被动式控尘装置，而涡流控尘是一种主动式控尘装置。

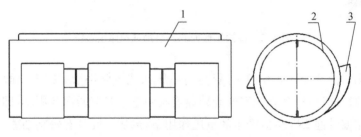

1—筒体；2—阀门；3—条缝出口

图 4-3　附壁风筒结构示意图

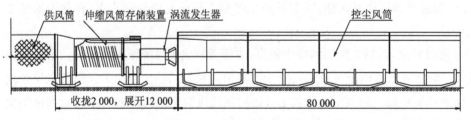

图 4-4　涡流控尘装置结构示意图(单位：mm)

涡流控尘装置一般质量较大，长度较长，无法在井下灵活移动，从而影响了其在我国煤矿的推广使用。目前我国煤矿井下越来越多地采用轻质附壁风筒进行控尘，从而较好地解决了现场工艺配套问题。因此，本章重点研究了附壁风筒控尘时的综掘工作面通风除尘技术。

（2）综掘工作面通风除尘风量协调分析

① 有限空间射流基本规律

末端封闭有限空间射流，建立在与圆射流口轴线一致的圆断面有限空间基础上。如图 4-5 所示。靠近喷口的一段距离内，射流沿自有方向扩张，直到射流断面等于有限空间的 25% 为止，此段称自有扩张段。随后射流的扩张及流量的增加就比较慢了，直到射流断面等

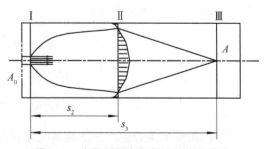

图 4-5　末段封闭有限射流速度场分布

于有限空间的 42%～45% 时,射流断面达到最大,此段称有限扩张段。以后,射流断面逐渐收缩,流量逐渐减少,直到等于零,即射流缩成一点。离开射流的气体向相反方向运动,一部分气体流经出风口排出,另一部分气体又被射流扩张段卷吸,此时射流外面存在逆流,逆流速度在最大扩张断面处达到最大,此射流末段称收缩段。

假定每段边界都是直线,则有限射流运动参数经验公式如下:

最大断面距离　　$s_2/d_0 = (0.13/\sqrt{n} - 0.133)/\alpha$ 　　　　　　　　(4-7)

射流总长度　　$s_2/d_0 = (0.13/\sqrt{n} - 0.133)/\alpha + 3.17/\sqrt{n}$ 　　(4-8)

最大断面直径　　$d_2/d_0 = 0.6657/\sqrt{n}$ 　　　　　　　　　　(4-9)

最大断面流量　　$Q/Q_0 = 0.4809/\sqrt{n}$ 　　　　　　　　　　(4-10)

式中:d_0、Q_0 为射流口直径及流量,单位分别为 m、m^3/s;α 为湍流系数,圆柱形 $\alpha = 0.008$;$\sqrt{n} = d_0/D$ 为有限程度,无量纲;D 为有限空间断面直径,m。

对于末段有出风口的有限射流(射流流量与出口流量相等),在 s_3 距离以内,它与末段封闭有限射流运动规律是一致的。Ⅲ断面以后,射流突然扩散,并充满全部有限空间,这一点已被经验所证明。为了计算这种射流的运动参数,可以采用末段封闭有限射流计算公式,只要引进有限空间假想直径 $D' = \sqrt{D^2 + d_0^2}$ 代替 D 即可。

② 长压短抽通风方式风量协调关系

综掘工作面长压短抽通风除尘方式中含有压入和抽出两部分,该通风方式会受到掘进工作面巷道的影响,可以把这种通风方式看为有限空间射流。

由于掘进巷道一般不是圆形,且压风口不位于巷道中央,需要对其进行简化,当巷道断面为矩形,压风口位于巷道边侧时,基于普通附壁射流的附壁效应,将压风口简化成 $\sqrt{2}$ 倍直径($d_0 = \sqrt{2}d$)的半圆形射流口;巷道简化成与其"附壁水力直径"相等的半圆断面有限空间,其轴线及纵壁面与半圆射流口一致。这样,压入式通风就相当于圆断面有限空间射流的一半。假定供风压入风流出风口与除尘器抽风口之距大于压入式作用距离与单抽式后影响距离之和,分析恰好不产生回流的情况,建立长压短抽流动物理模型如图 4-6 所示。

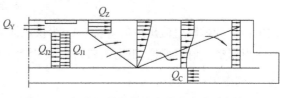

图 4-6　长压短抽通风除尘风流流动物理模型

为了消除压风口至工作面之间的大涡和避免回流流经工作面,需要使附壁风筒轴向出风射流扩张所需风量由后面附壁风筒径向出风补充。附壁风筒将压风系统的供风分成两部分,其中压入风量 Q_Y 中的一部分 Q_Z 由正面喷出,另一部分 $Q_J(Q_J = Q_{J1} + Q_{J2})$ 从附壁风筒侧面喷出;从侧面喷出的径向风流再分为两部分,一份为 Q_{J1},Q_{J1} 满足 Q_Z 的扩张,并被除尘器集尘罩吸走($Q_X = Q_Z + Q_{J1}$),另一份为 Q_{J2},Q_{J2} 沿巷道回流以防止产生短抽的循环风,Q_{J1} 和 Q_{J2} 均应保证在各自重叠段巷道内风速满足最低风速的要求。

根据上面的分析,附壁风筒轴向供风主要作用是稀释综掘工作面的瓦斯,径向出风是在补充轴向出风的基础上形成控尘气幕,阻止工作面粉尘向外扩散,同时保证供风系统和抽尘系统之间的重叠段内满足巷道最低风速要求。综掘工作面长压短抽通风除尘系统各风量之间的关系如下:

$$\begin{cases} Q_Z \geqslant 100qk \\ Q_Y = Q_J + Q_Z \\ Q_J = Q_{J1} + Q_{J2} \\ Q_X = Q_{J1} + Q_Z \\ Q_{J1} = \max\left\{\dfrac{0.480\,9Q_Z}{\sqrt{n}}k', \ (v_{21} \times S \times 60)\right\} \\ Q_{J2} = v_{22} \times S \times 60 \end{cases} \tag{4-11}$$

式中:q 为掘进面瓦斯绝对涌出量,$m^3/\min$;k 为掘进面瓦斯绝对涌出不均衡系数,取值范围为 1.5～2;n 为供风风筒出风口面积与巷道断面面积之比;k' 为安全系数,取值范围为 1～2;S 为巷道断面面积,m^2。

③ 综掘面通风除尘空间位置协调分析

在煤矿井下综掘工作面,通常把供风风筒贴着巷道帮布置,如图 4-7 所示,从而形成供风风筒轴向出风风流的附壁现象。如果忽略空气在巷帮壁面上流动的附面层,可以认为:贴附射流就是把喷射口面积扩大一倍后再取半个射流。这一点已被前人做过的许多试验证明。

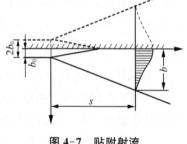

图 4-7　贴附射流

对于圆断面贴附射流:

$$d_0 = \sqrt{\dfrac{4}{\pi}}\sqrt{2A_0} = \sqrt{\dfrac{4}{\pi} \cdot 2\dfrac{\pi d^2}{4}} = \sqrt{2}\,d \tag{4-12}$$

式中:d_0 为贴附射流出风口直径;A_0 为供风风筒出风口面积;d 为供风风筒直径。

根据空气射流理论,距出风口射程 S 距离处的断面平均速度 $\bar{v}$ 与供风风筒出风口处速度 v_0 的关系如下:

$$\dfrac{\bar{v}}{v_0} = \dfrac{0.191\,5}{\dfrac{\alpha s}{R_0} + 0.294} \tag{4-13}$$

式中:v_0 为风筒出风口风速,m/s;s 为距风筒出风口的轴向距离,m;$\bar{v}$ 为距出风口射程 s 距离处的断面平均风速,m/s;α 为湍流系数,圆柱形 $\alpha = 0.008$;R_0 为出风口半径。

由上式可得:

$$s = \dfrac{R_0}{\alpha}\left(\dfrac{0.191\,5v_0}{\bar{v}} - 0.294\right) = \dfrac{d}{\alpha}\left(\dfrac{0.096v_0}{\bar{v}} - 0.147\right) \tag{4-14}$$

考虑贴附射流：

$$s = \frac{\sqrt{2}\,d}{\alpha}\left(\frac{0.096v_0}{\bar{v}} - 0.147\right) \tag{4-15}$$

因此，供风风筒轴向出风口距迎头距离 L_z 应满足下式：

$$L_z \leqslant \frac{\sqrt{2}\,d}{\alpha}\left(\frac{0.096v_0}{\bar{v}} - 0.147\right)$$

式中：L_z 为供风风筒轴向出风口距工作面距离，m；d 为供风风筒直径，m；v_0 为工作面排尘和稀释瓦斯风速，m/s。

通过在附壁风筒向工作面迎头方向连接供风风筒，将轴向压风引流至设计位置，或者使其达到各矿工作业规程要求位置。

附壁风筒径向出风风流运移轨迹受巷道断面形状、掘进设备及除尘器抽出风量等综合影响，其风流流程分布复杂，目前还难以依靠现有射流理论对其进行较为准确的分析计算，只有通过数值模拟及试验测试等方法才能获得较为理想的控尘距离。

对于抽尘距离，现场实践和现有研究结论均表明，抽尘口越靠近工作面迎头，抽尘效果越好。在除尘器抽吸负压作用下，布置于工作面迎头附近的集尘罩将含有粉尘的风流通过负压抽尘风筒抽吸到除尘器进行净化处理。可以将集尘罩吸尘方式理解为受限空间的点汇吸气。根据流体力学，吸气口外某一点的空气流速与该点至吸气口距离的平方成反比，而且流速随吸气口吸气范围的减小而增大。因此设计集尘罩时应尽量靠近污染源，并设法减小其吸气范围。所以，集尘罩到工作面的抽尘距离应尽可能小，才能保证系统抽尘的高效性。

④ 涡流控尘装置控尘影响规律

为了解涡流控尘装置的径向出风口长度和宽度对控除尘系统的影响情况以及出风径向长度方向的风速分布情况，在高为 2.3 m，半径为 1.8 m 的半圆拱试验巷道内进行了模拟试验。

（A）试验系统

试验系统由发尘系统、供风系统、控尘系统和除尘系统组成。系统布置图见图 4-8。

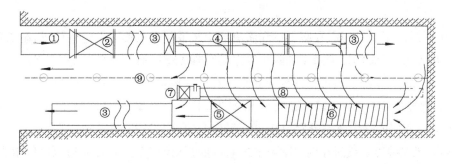

1—测试风筒；2—压入式风机；3—压入式风筒；4—涡流控尘装置；5—除尘器；6—可伸缩风筒；
7—发尘器；8—发尘管道；9—粉尘采样点

图 4-8　测试系统安装布置图

涡流风筒前端连接软风筒,软风筒前端距离迎头 5 m 处,风筒直径均为 600 mm。在巷道内设置 3 个测点作为采样点,分别为:测点 1,距迎头 1 m 处(原始粉尘浓度);测点 2,距迎头 6 m 处(司机位置);测点 3,距离迎头 24 m 处(除尘系统出风口)。各点布置如图 4-8 所示。采样点布置在巷道中线处,采样点高度为 1.5 m,采样方向面向迎头。采用 AZF 型呼吸性粉尘采样器对巷道内粉尘进行采样,采样点 3 相对于采样点 1 和 2 在采样开始时间上应延后 1 min 左右,每个测点连续采 3 次,采用滤膜增重法计算粉尘浓度。

(B) 涡流风筒出风口宽度与系统除尘效率关系

(a) 测试方法

保持吸尘口距迎头距离 3.5 m、涡流控尘装置距迎头距离 12 m,除尘器吸入风流 310 m³/min,在抽压比(以压入风量进行表征,风量分为 300 m³/min、250 m³/min、230 m³/min 和 200 m³/min)相同条件下,测试不同涡流风筒缝隙宽度(4 cm、5 cm、6 cm 和 7 cm)时的控、除尘效率。

(b) 涡流风筒出风口宽度与系统控、除尘效率关系

图 4-9,图 4-10 分别为不同供风风量条件下,不同出风口宽度时系统控、除尘效率曲线。

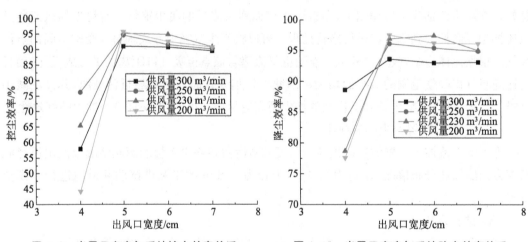

图 4-9　出风口宽度与系统控尘效率关系　　图 4-10　出风口宽度与系统除尘效率关系

由图 4-9,图 4-10 可知,在吸尘口和涡流控尘装置距迎头距离一定条件下,随着涡流风筒出风口的变窄,系统的控尘效率和除尘效率均呈现先增高后减小的趋势,在涡流风筒出风口宽度为 5 cm 时,系统取得最佳的控尘效率。在压入风量为 250 m³/min 条件下,涡流风筒缝隙 7 cm 时控尘效率为 90.1%,缝隙 6 cm 时为 91.5%,缝隙 5 cm 时为 94.6%,缝隙 4 cm 时为 76.2%;相应的除尘效率分别为 94.9%、95.4%、96.1% 和 83.8%。

当涡流风筒缝隙宽度过小时,则会增加风流通过涡流控尘装置径向通风口的阻力,部分风流被迫从涡流风筒轴向方向流出,使产生的涡旋风量减小,同时造成涡旋风流能量的消耗,不能起到良好的控尘效果;当涡流风筒缝隙宽度过大时,涡旋风流的通过面积增大,涡旋

风流径向风流速度较低,由于空气阻力的存在,当风流到达迎头时,涡旋速度衰减,不能形成良好的控尘效果。因此涡流风筒缝隙应控制在既能产生足够的涡旋风量,又能产生合理的涡旋风速的宽度范围内,当涡流风筒缝隙宽度变窄时,系统的控、除尘效率先增加后降低,在缝隙宽度为 5 cm 时达到最佳。

（C）涡流风筒径向出风口长度与系统控、除尘效率关系

在涡流风筒出风口宽度为 5 cm 时,从涡流风筒径向出风口靠近涡流风机端起,在涡流风筒长度方向上每隔 200 mm 设定一个测点,测点高度为涡流控尘装置切向出风口上方 50 mm 处。用热球风速测定仪测定切向风速。

风流分布均匀系数为衡量涡流控尘装置径向出风段整体出风均匀效果的关键指标。风流分布均匀系数按式(4-16)计算:

$$K_0 = \frac{\bar{h}}{\bar{h} + \Delta h} \tag{4-16}$$

式中:K_0 为风流分布均匀系数;$\bar{h}$ 为涡流有效段平均风速,m/s;Δh 为涡流有效段内风速平均偏差绝对值,m/s。

$\bar{h}$、Δh 分别按式(4-17)、式(4-18)计算:

$$\bar{h} = \frac{\sum_{i=1}^{n} h_i}{n} \tag{4-17}$$

$$\Delta h = \frac{\sum_{i=1}^{n} |h_i - \bar{h}|}{n} \tag{4-18}$$

图 4-11 和图 4-12 分别为涡流风筒径向出口长度方向风速分布和风速分布均匀系数关系。

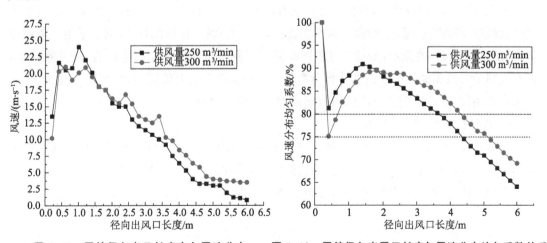

图 4-11　风筒径向出口长度方向风速分布　　图 4-12　风筒径向出风口长度与风速分布均匀系数关系

供风系统压入风量为 300 m³/min,涡流风筒缝隙开度为 5 cm 时,最低风速为 3.5 m/s,最高风速为 21 m/s,平均风速为 11.9 m/s,压入风速为 17.7 m/s;供风系统压入风量为 250 m³/min,涡流风筒缝隙开度为 5 cm 时,最低风速为 0.8 m/s,最高风速为 24 m/s,平均风速为 11 m/s,压入风速为 15.1 m/s。当测试点的风速下降到 3 m/s 后,其后点的风速缓慢下降,其前点的风速变化起伏明显,而之后点的风速基本保持在水平位置,因此 3 m/s 应作为涡流控尘装置起明显作用的一个转折点。

以 75% 和 80% 的风流分布均匀值作为进行涡流有效长度计算的依据,当风流分布均匀值控制在 80% 时,在压入风量为 300 m³/min 时,涡流风筒有效长度为 4.4 m,在压入风量为 250 m³/min 时,涡流风筒有效长度为 3.8 m;当风流分布均匀值控制在 75% 时,在压入风量为 300 m³/min 时,涡流风筒有效长度为 5.2 m,在压入风量为 250 m³/min 时,涡流风筒有效长度为 4.4 m;结合图 4-11,当涡流风筒长度为 4.6 m 时,风流速度出现明显的转折点,因此在本试验条件下,涡流风筒径向出风口的最佳长度为 4.6 m。

4.1.2 综掘面压抽风流耦合影响因素及作用数值模拟

根据基于附壁射流控尘的综掘面通风除尘风流协调理论分析可知,综掘面通风除尘系统的降尘效率主要受供风系统压入风量、除尘器抽出风量、附壁风筒轴、径向出风量、附壁风筒长度、附壁风筒与工作面迎头之间的距离等通风工艺参数的影响。由于综掘工作面风流流场的复杂性,难以通过理论分析完全掌握综掘面通风除尘流场分布及各工艺参数对降尘效果的影响作用。本章采用数值模拟的方法对不同断面综掘工作面采取附壁射流控尘时通风除尘系统降尘效果的主要影响因素及其影响规律进行分析,了解综掘面压抽风流耦合影响因素和影响效果,获得最佳控除尘效果对应的具体通风工艺参数,为综掘面长压短抽通风除尘技术现场应用提供理论依据。

(1)风流-粉尘气固两相流场运动数学模型

风流-粉尘气固两相流的数值计算方法有两种,一种为欧拉-欧拉法,主要用于离散相体积分数超过 10% 的情况,如稠密气固两相流;另一种为欧拉-拉格朗日法,通常适用于离散相体积分数小于 10% 的流动,如稀疏气固两相流。综掘工作面粉尘在产生以后,随风流流动,在此过程中分散相的粉尘所占的体积分数低于 10%,故粉尘为稀疏相,气相属于连续相,因此本章采用欧拉-拉格朗日方法的离散相模型进行模拟计算。

① 连续性方程和 N-S 方程

流体在流动过程中始终遵循流体力学基本原理,即质量守恒定律、能量守恒定律及动量守恒定律。在流体力学中,这三大定律就体现为连续性方程和 N-S 方程。

若将气体考虑为不可压缩流体,则由流体力学定律可知,连续性方程为:

$$\frac{\partial \rho}{\partial t} + \frac{\partial}{\partial x_i}(\rho u_i) = 0 \qquad (4-19)$$

N-S 方程:N-S 方程是流体力学中最常用的基本方程,可以准确地描述实际流体的

流动。对于一个控制体,不可压缩流体 N-S 方程为:

$$\rho \frac{\mathrm{d}u}{\mathrm{d}t} = \rho f - \nabla p + \mu \nabla^2 u \tag{4-20}$$

式(4-20)中,$\nabla^2 = \left(\dfrac{\partial^2}{\partial x_1^2} + \dfrac{\partial^2}{\partial x_2^2} + \dfrac{\partial^2}{\partial x_3^2} \right)$ 称为拉普拉算子,对于不可压缩的理想流体,$\nabla \cdot u = 0$,$\mu = 0$。则式(4-20)可以简化为:

$$\frac{\partial u}{\partial t} + (u \cdot \nabla) = f - \frac{1}{\rho} \nabla p + v \nabla^2 u \tag{4-21}$$

② 湍流控制方程

综掘工作面压风风筒的出风口风速远远小于声速,因此可以忽略气体的压缩性对流动的影响,同时,综掘面内无影响明显的热源,且入口风流基本为恒温,因此可以认为综掘工作面空间内风流为不可压缩、等温的。

在 FLUENT 中提供的湍流模型包括:Spalart-Allmaras 模型、标准(Standard)κ-ε 模型、重整化群(RNG)κ-ε 模型、Realizable κ-ε 模型、κ-ω 模型等。不同的湍流模型,其特点不同。综掘面风流场数值计算中最经常使用的是经 Launder 和 Spalding 修正后的高雷诺数 κ-ε 模型。

标准 κ-ε 模型是一个半经验高雷诺数模型,该模型对于壁面附近处的低雷诺数的层流流动计算所产生的误差较大。RNG(Renormalization Group)κ-ε 模型在形式上类似于标准 κ-ε 模型,但在其基础上做了进一步的完善,提高了速度变化较大的流场的计算精度,并可以计算壁面气体旋转效应作用下产生的低雷诺数气体的流动。

Realizable κ-ε 模型在计算精度与计算速度上都将优于标准 κ-ε 模型和 RNG κ-ε 模型,该模型采用了新的湍流黏度公式,对湍动耗散率 ε 的输运方程进行了修正,在雷诺应力上保持与真实湍流一致,可以更精确地模拟平面和圆形射流的扩散速度,并且在旋转流计算、带方向压强梯度的边界层计算和分离流计算中有很好的表现。

根据综掘工作面通风风流场的特点,可以得出,压入式通风为受限贴附紊动射流,巷道侧壁为低风速区域,低雷诺数较低。通风风流场存在涡流区和冲击射流区,即表明存在旋转效应。根据以上特点,本节采用 Realizable κ-ε 模型来保证计算的准确度与精度。Realizable κ-ε 模型求解的 κ 和 ε 的方程为:

κ 方程:

$$\frac{\partial}{\partial t}(\rho \kappa) + \frac{\partial}{\partial x_j}(\rho \kappa u_j) = \frac{\partial}{\partial x_j} \left[\left(\mu + \frac{\mu_t}{\sigma_\kappa} \right) \frac{\partial \kappa}{\partial x_j} \right] + G_\kappa + G_b - \rho \varepsilon - Y_M + S_\kappa \tag{4-22}$$

$$G_\kappa = \mu_t S^2, \ S = \sqrt{2 S_{ij} S_{ij}}, \ S_{ij} = \frac{1}{2} \left(\frac{\partial u_j}{\partial x_i} + \frac{\partial u_i}{\partial x_j} \right)$$

ε 方程:

$$\frac{\partial}{\partial t}(\rho\varepsilon) + \frac{\partial}{\partial x_j}(\rho\varepsilon u_j) = \frac{\partial}{\partial x_j}\left[\left(\mu + \frac{\mu_t}{\sigma_\varepsilon}\right)\frac{\partial\varepsilon}{\partial x_j}\right] + \rho C_1 S\varepsilon - \rho C_2 \frac{\varepsilon^2}{k + \sqrt{v\varepsilon}} + C_{1\varepsilon}\frac{\varepsilon}{k}C_{3\varepsilon}G_b + S_\varepsilon$$

$$(4-23)$$

$$C_1 = \max\left(0.43, \frac{\eta}{\eta+5}\right), \quad \eta = S\frac{\kappa}{\varepsilon}$$

式中：$C_2 = 1.92$，$C_{1\varepsilon} = 1.44$，其中 $\sigma_\kappa = 1.0$ 和 $\sigma_\varepsilon = 1.2$ 是 k 方程和 ε 方程的湍流 Prandtl 数，G_κ 是由层流速度梯度而产生的湍流动能，G_b 是由浮力而产生的湍流动能，Y_M 由于在可压缩湍流中，过渡的扩散产生的波动，本章所涉及气体为不可压缩气体，该项取 0。

Realizable κ-ε 模型与标准 κ-ε 模型和 RNG κ-ε 模型主要的区别在于湍流黏度 μ_t，其表达式为：

$$\mu_t = \rho C_\mu \frac{\kappa^2}{\varepsilon}$$

$$(4-24)$$

式中 C_μ 不再是常数，其定义为：

$$C_\mu = \frac{1}{A_0 + A_s \dfrac{\kappa U^*}{\varepsilon}}$$

$$U^* = \sqrt{S_{ij}S_{ij} + \widetilde{\Omega}_{ij}\Omega_{ij}}, \quad \widetilde{\Omega} = \Omega_{ij} - 2\varepsilon_{ij}\omega_{ij}$$

$$A_s = \cos\left[\frac{1}{3}\arccos\left(\sqrt{6}\frac{S_{ij}S_{jk}S_{ki}}{(\sqrt{S_{ij}S_{ij}})^3}\right)\right]$$

式中：$A_0 = 4.04$。Ω_{ij} 为具有角速度 ω_k 的旋转坐标系下的平均旋转率张量。

（2）物理模型构建及边界条件

① 物理模型构建

为掌握综掘工作面长压短抽通风除尘主要通风工艺参数对综掘面风流流场分布，粉尘扩散运移、控制的影响作用，本章采用 ANSYS Design Modeler 软件构建了四个综掘面通风除尘物理模型。以寸草塔 22303 运输顺槽和王家岭 20106 回风巷（矩形 5.4 m×3.2 m）为研究对象，建立了综掘工作面的等比例物理模型；为了掌握和验证不同断面巷道通风参数影响作用，结合中煤科工集团重庆研究院有限公司综掘模拟试验巷道尺寸，参照燕子山矿 8212 工作面回风巷（矩形 5.0 m×3.3 m）、乌东 60045 东工作面南巷（矩形 4.2 m×3.0 m）条件，另外构建了两个不同断面的物理模型；为对比分析通风工艺参数对矩形巷道和拱形巷道通风除尘效果的影响程度，在保证巷道断面积大小基本相同的条件下，构建了拱形巷道（半圆拱，宽 5.4 m，高 3.8 m）长压短抽通风除尘物理模型。

图 4-13 为构建的综掘面通风除尘物理模型，主要用于研究综掘工作面内风流流场运移及粉尘扩散情况，为避免不必要的数值运算，对综掘工作面实际条件进行了适当简化，本章所构建的物理模型主要包括综掘巷道、掘进机、掘进机二运、供风风筒、附壁风筒、抽尘风筒及除尘器等 7 部分。附壁风筒形式为在与供风风筒直径相同的风筒侧壁留一长条形出风口，出风口宽度为 0.15 m。

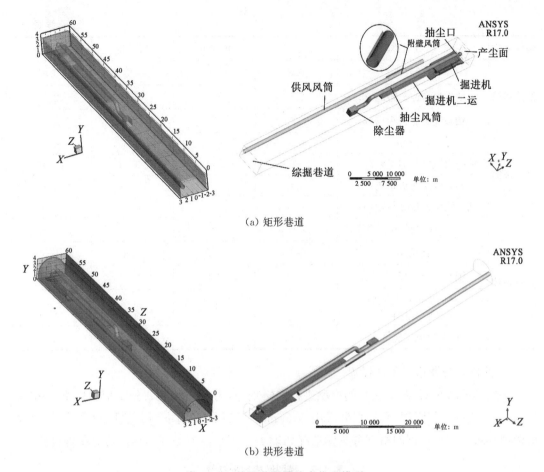

（a）矩形巷道

（b）拱形巷道

图 4-13　综掘面通风除尘物理模型

图 4-13 中，坐标系 X 轴正向表示巷道正中部指向巷道压风侧，X 轴负向表示巷道正中部指向巷道回风侧，Y 轴正向表示巷道底板指向巷道顶板，Z 轴正向表示由巷道末段指向工作面迎头方向。

表 4-1 为构建的四个综掘面通风除尘物理模型巷道及主要设备几何参数。

表 4-1　综掘面通风除尘物理模型主要几何参数

构件名称	参数名称	模型 Ⅰ	模型 Ⅱ	模型 Ⅲ	模型 Ⅳ
巷道	断面形状	矩形	矩形	矩形	半圆拱
	巷道尺寸/(m×m×m)	60×5.4×3.2	60×5.0×3.3	60×4.2×3.0	60×5.4×3.8
	断面面积/m²	17.28	16.50	12.6	17.39
掘进机	外形尺寸/(m×m×m)	9.6×2.8×2.0	9.6×2.8×2.0	9.6×2.8×2.0	9.6×2.8×2.0
	机身尺寸/(m×m×m)	9.6×2.8×2.0	—	—	—
二运转载机	外形尺寸/(m×m×m)	15×1.2×0.4	15×1.2×0.4	15×1.2×0.4	15×1.2×0.4
	底部距底板距离/m	0.85	0.85	0.85	0.85

构件名称	参数名称	模型Ⅰ	模型Ⅱ	模型Ⅲ	模型Ⅳ
抽尘风筒	直径/m	0.8	0.8	0.8	0.8
	抽尘口与迎头距离/m	2.5	2.5	2.5	2.5
	轴心线距底板距离/m	2.25	2.25	2.25	2.25
供风风筒	直径/m	0.8	0.8	0.8	0.8
	轴向出风口与迎头距离/m	5~18	8~12	8.5~15	7~10
	轴心线距底板距离/m	2.0	2.0	2.0	2.0
	轴心线距最近巷帮距离/m	0.6	0.6	0.6	0.6
附壁风筒	风筒长/m	2~15	5	5	5
	直径/m	0.8	0.8	0.8	0.8
	轴心线距底板距离/m	2.0	2.0	2.0	2.0
	径向出风口与底板水平线夹角/°	15	15	15	15
	径向出风口宽度/m	0.15	0.15	0.15	0.15

② 网格划分及边界条件设置

采用 ANSYS Mesh 对建立的模型进行网格划分,为保证网格划分质量,对 Min Size 和 Max Face Size 进行限制,网格划分采用 Automatic Method,网格划分数量和质量可满足数值模拟要求。四个模型网格划分具体情况如表 4-2 所示。表 4-3 为具体边界条件设置。

表 4-2　模型网格划分参数

参数名称	模型Ⅰ	模型Ⅱ	模型Ⅲ	模型Ⅳ
断面形状	矩形	矩形	矩形	半圆拱
尺寸	60 m×5.4 m×3.2 m	60 m×5.0 m×3.3 m	60 m×4.2 m×3.0 m	60 m×5.0 m×3.8 m
网格数量(Elements)	1 412 180	1 411 456	1 381 979	1 471 970
网格质量(Elements Quality)	0.835 35	0.834 65	0.835 45	0.837 37

表 4-3　边界条件

模型边界	边界类型
供风风筒入风口	入口边界(Velocity-Inlet)
供风风筒轴向出风口	
抽尘风筒吸风入口	
除尘器排风口	
巷道末端出口	出口边界(Outflow)
综掘面迎头正中心 2 m×2 m 的面	产尘面(Dust Source)

根据寸草塔煤矿 22303 运输顺槽粉尘粒度测试结果,对离散型粉尘的参数进行设置,具体模型设定参数如表 4-4 所示。

表 4-4　离散相模型设定

离散相模型	设定
Interaction with Continuous Phase(相间耦合)	On(打开)
Number of Continuous Interaction per DPM Iteration（相间耦合频率）	100
Injection Type(射流源类型)	Surface(面喷射源)
Material(颗粒相材料)	Coal-hv(高挥发分煤)
Diameter Distribution(粒径分布规律)	Rosin-Rammler(罗森-拉姆勒分布)
Min. Diameter(最小粒径/m)	$1e-06$
Max. Diameter(最大粒径/m)	$1e-03$
Mid. Diameter(中位粒径/m)	$2e-05$
Number of Diameters(粒径个数)	15
Spread Parameter(分布指数)	3.5
Total Flow Rate(质量流率/$(kg \cdot s^{-1})$)	0.01
Turbulent Dispersion(湍流扩散模型)	Discrete Random Walk Model（随机轨道模型）

③ 模拟结果分析监测位置参数设置

为便于对数值模拟结果进行定量对比分析,在模型内设置若干监测点、监测线及监测断面,在以后的除尘效果对比分析中除整体分析外,将重点对比这些监测点、线和面的粉尘浓度。监测点选取及意义见表 4-5。在巷道距迎头 40 m 范围内,在巷道两侧各设置一条监测线,以此作为巷道进风侧和回风侧粉尘扩散分布依据;进风侧监测线两端点坐标分别为(1.5,1.5,20;1.5,1.5,60),回风侧监测线两端点坐标分别为(-1.5,1.5,20;-1.5,1.5,60)。选取 $z=59$、57、55、53、51、49、47、45、43、41、39、37、35、33、32、31、29、27、25、23、21(单位为 m)的 21 个截面的平均粉尘浓度作为粉尘扩散分布的分析数据。

表 4-5　模拟结果分析监测点选取

测点	X/m	Y/m	Z/m	距迎头距离/m	代表位置
1	1.3	1.5	10	50	迎头后 50 m
2	1.3	1.5	15	45	迎头后 45 m
3	1.3	1.5	20	40	迎头后 40 m
4	1.3	1.5	25	35	机组后 5 m
5	1.3	1.5	30	30	迎头后 30 m
6	1.3	1.5	35	25	迎头后 25 m
7	1.3	1.5	40	20	二运中部
8	1.3	1.5	45	15	二运前部
9	1.3	1.5	50	10	掘进机中后部
10	1.3	1.8	54	6	司机附近

（3）综掘面压抽风流耦合影响因素作用分析

为研究综掘面通风除尘压抽风流耦合影响作用，本章以上述构建的物理模型为基础，分别模拟分析不同的附壁风筒长度（L_{FB}）、轴向出风距离（L_Z）、控尘距离（L_K）、压抽风量比（B_{YC}）、附壁风筒轴径向出风风量比（B_{ZJ}）等通风工艺参数对各巷道断面条件下的控除尘效果影响作用。

① 附壁射流控尘巷道风流场特性及阻尘作用

为直观对比和分析综掘面采用附壁射流控尘时长压短抽通风除尘系统巷道内的风流流场分布及阻尘作用，利用构建的模型 I 分别模拟了综掘工作面在未采取控除尘措施、只开除尘器抽尘及控除尘均开启时的三种情况下的综掘面工作面风流场分布和粉尘分布情况。通风除尘工艺参数：$Q_Y = 540$ m³/min、$Q_C = 450$ m³/min、$Q_Z = 60$ m³/min、$L_{FB} = 5$ m、$L_Z = 10$ m、$L_K = 22$ m、$L_C = 2.5$ m。

图 4-14 为三种情况下巷道内粉尘分布情况。

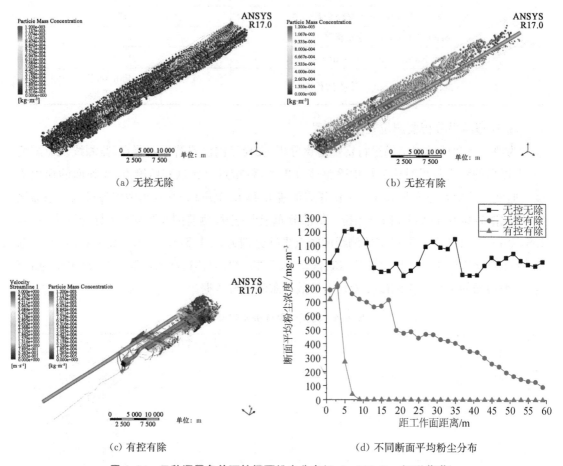

(a) 无控无除　　(b) 无控有除

(c) 有控有除　　(d) 不同断面平均粉尘分布

图 4-14　三种通风条件下综掘面粉尘分布（5.4 m×3.2 m 矩形巷道）

可以看出，仅开启除尘器进行抽尘净化时，在供风风流作用下迎头处的粉尘大部分来不及被除尘器吸入而直接扩散至巷道后方，从而导致综掘面除尘效果较差；而采用附壁射流控尘后,在除尘器抽尘负压作用下,附壁风筒的径向出风大部分流向综掘面迎头区域,形成阻尘气幕,阻挡迎头粉尘向巷道后方扩散,而是被除尘器抽走,大大改善了综掘工作面环境。

② 附壁风筒长度对系统降尘效果影响作用

利用构建的模型Ⅰ(矩形巷道 5.4 m×3.2 m),保持通风除尘工艺参数:$Q_Y=540\ m^3/min$、$Q_C=450\ m^3/min$、$Q_Z=60\ m^3/min$、$L_Z=10\ m$、$L_K=22\ m$、$L_C=2.5\ m$ 条件不变,对风筒长度 L_{FB} 为 2、4、5、6、8、12、15(单位为 m)时的情况进行模拟。图 4-15 为不同附壁风筒长度综掘面粉尘分布。粉尘云图中的条柱代表粉尘浓度,单位为 kg/m^3,以下类似。

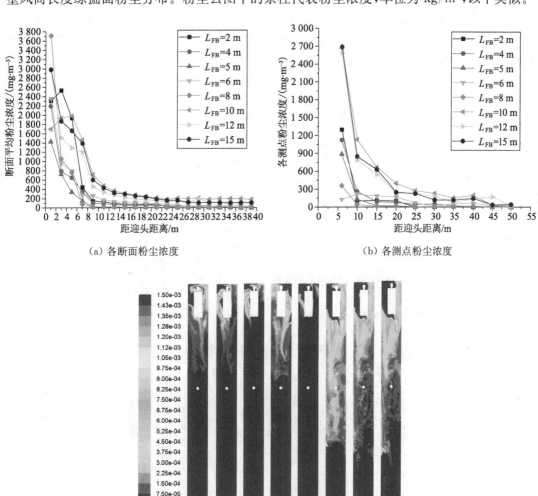

(a) 各断面粉尘浓度 (b) 各测点粉尘浓度

(c) $Y=1.5\ m$ 截面粉尘分布

图 4-15 不同 L_{FB} 条件下粉尘扩散分布(5.4 m×3.2 m 矩形巷道)

可以看出:

(a) 附壁风筒长度对于系统降尘效果有较为显著的影响,附壁风筒太长和太短都将导致控尘效果减弱。

（b）附壁风筒长度为 5 m 和 8 m 时，系统控除尘效果较好；附壁风筒长度为 4 m 和 6 m 时，系统控除尘效果次之，其中附壁风筒长度为 6 m 时各断面平均粉尘浓度较高，说明粉尘扩散严重，控尘效果不佳；附壁风筒长度为 2 m 和大于 10 m 时，系统控除尘效果最差。

（c）考虑到煤矿井下供风风筒每节长度为 10 m，为便于现场使用，选取附壁风筒长度为 5 m，后续模拟分析也均采用 5 m 长度的附壁风筒。

③ 轴向供风距离对系统降尘效果的影响作用

（a）矩形巷道（5.4 m×3.2 m）

保持通风除尘工艺参数 $L_{FB}=5$ m、$Q_Y=540$ m³/min、$Q_C=450$ m³/min、$Q_Z=60$ m³/min、$L_K=22$ m、$L_C=2.5$ m 不变，分别对 L_Z 为 5、7、8、9、10、11、12、13、14、15、18（单位为 m）时的控除尘情况进行了模拟。图 4-16 为不同轴向供风距离时的粉尘分布。

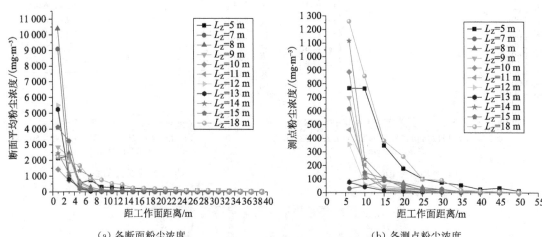

（a）各断面粉尘浓度　　　　　　　　　（b）各测点粉尘浓度

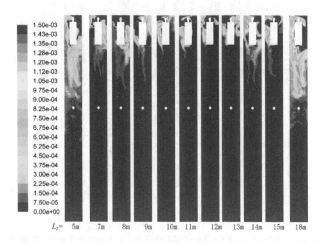

（c）$Y=1.5$ m 截面粉尘分布

图 4-16　不同 L_Z 条件下粉尘扩散分布（5.4 m×3.2 m 矩形巷道，$L_K=22$ m）

可以看出，在合理的范围内，轴向出风距离 L_Z 对于系统的降尘效果影响不是特别明显。

对于矩形巷道(5.4 m×3.2 m),L_Z 在 7～15 m 范围内(即 $1.68\sqrt{S}$ ～ $3.6\sqrt{S}$),系统的降尘效果差别不大,基本都能实现较好的控除尘效果;当 L_Z 小于 7 m 或大于 15 m 时,系统的降尘效果逐渐变差。S 为巷道断面面积,m²。

为验证不同断面巷道时的影响效果,又分别对不同控尘距离的两个断面巷道(断面 5.0 m×3.3 m 和 4.2 m×3.0 m)在轴向出风距离时的控除尘效果进行了模拟。

（b）矩形巷道(5.0 m×3.3 m)

保持通风除尘工艺参数:$L_{FB}=5$ m、$Q_Y=540$ m³/min、$Q_C=450$ m³/min、$Q_Z=60$ m³/min、$L_K=20$ m、$L_C=2.5$ m 不变,分别模拟 L_Z 为 8 m、10 m 和 12 m 时的控除尘情况。图 4-17 为不同轴向供风距离时的粉尘分布。

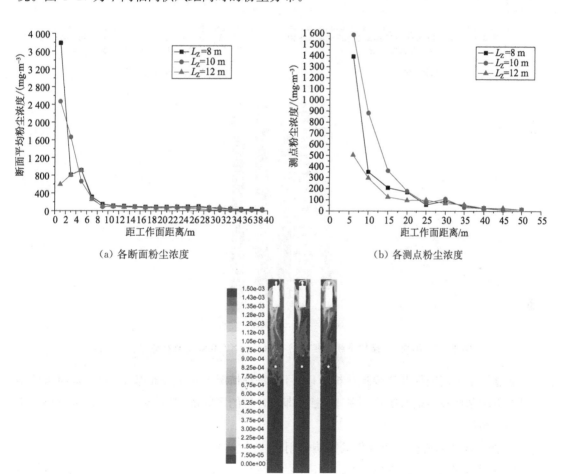

（a）各断面粉尘浓度　　　　　　（b）各测点粉尘浓度

（c）$Y=1.5$ m 截面粉尘分布

图 4-17　不同 L_Z 条件下粉尘扩散分布(5.0 m×3.3 m 矩形巷道,$L_K=20$ m)

（c）矩形巷道(4.2 m×3.0 m)

保持通风除尘工艺参数:$L_{FB}=5$ m、$Q_Y=540$ m³/min、$Q_C=450$ m³/min、$Q_Z=60$ m³/min、$L_K=19$ m、$L_C=2.5$ m 不变,分别模拟 L_Z 为 8.5 m、10 m 和 15 m 时的控除尘情

况。图 4-18 为不同轴向供风距离时的粉尘分布。

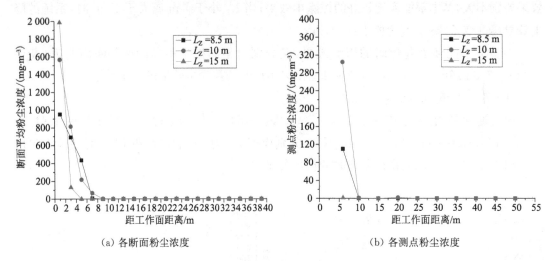

（a）各断面粉尘浓度 　　　　（b）各测点粉尘浓度

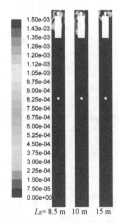

（c）$Y=1.5$ m 截面粉尘分布

图 4-18　不同 L_Z 条件下粉尘扩散分布（4.2 m×3.0 m 矩形巷道，$L_K=19$ m）

通过三个不同断面巷道模拟分析可以看出，每种情况下粉尘分布基本一致，轴向压风距离对于不同断面巷道的影响作用基本一致，即在合理的区间范围内，对于系统降尘效果的影响作用不明显。

④ 控尘距离对降尘系统效果的影响作用

保持通风除尘工艺参数：$L_{FB}=5$ m、$Q_Y=540$ m³/min、$Q_C=450$ m³/min、$Q_Z=60$ m³/min、$L_Z=10$ m、$L_C=2.5$ m 不变，对四个综掘面不同 L_K 参数条件下附壁射流对综掘面粉尘扩散控制的影响状况进行了数值模拟。为便于分析，对控尘距离进行了无量纲处理。

图 4-19～图 4-22 分别表示四个综掘面在不同控尘距离时的粉尘扩散分布，图 4-23 分别表示不同综掘面在不同控尘距离时距迎头不同距离处断面降尘效率。

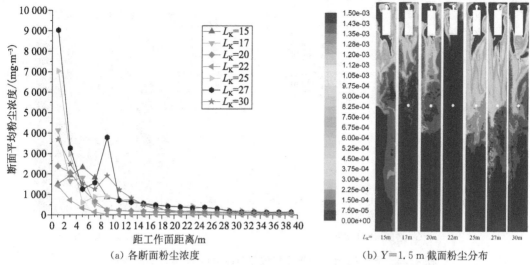

（a）各断面粉尘浓度　　　　　（b）$Y=1.5\,\mathrm{m}$ 截面粉尘分布

图 4-19　不同 L_{K} 条件下粉尘扩散分布（$5.4\,\mathrm{m}\times3.2\,\mathrm{m}$ 矩形巷道）

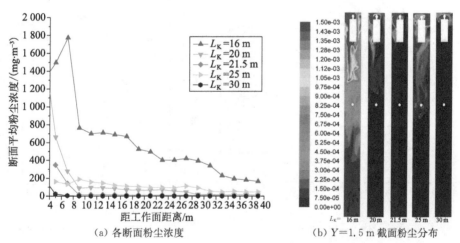

（a）各断面粉尘浓度　　　　　（b）$Y=1.5\,\mathrm{m}$ 截面粉尘分布

图 4-20　不同 L_{K} 条件下粉尘扩散分布（$5.0\,\mathrm{m}\times3.3\,\mathrm{m}$ 矩形巷道）

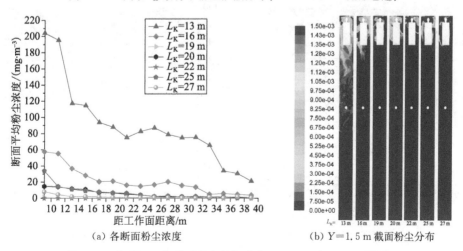

（a）各断面粉尘浓度　　　　　（b）$Y=1.5\,\mathrm{m}$ 截面粉尘分布

图 4-21　不同 L_{K} 条件下粉尘扩散分布（$4.2\,\mathrm{m}\times3.0\,\mathrm{m}$ 矩形巷道）

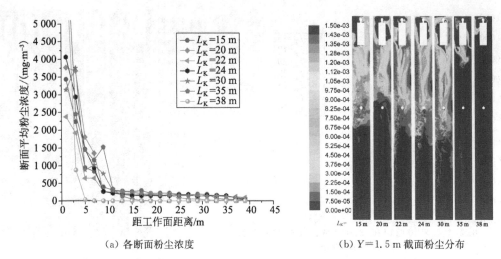

（a）各断面粉尘浓度

（b）$Y=1.5\,m$ 截面粉尘分布

图 4-22　不同 L_K 条件下粉尘扩散分布（5.4 m×3.8 m 矩形巷道）

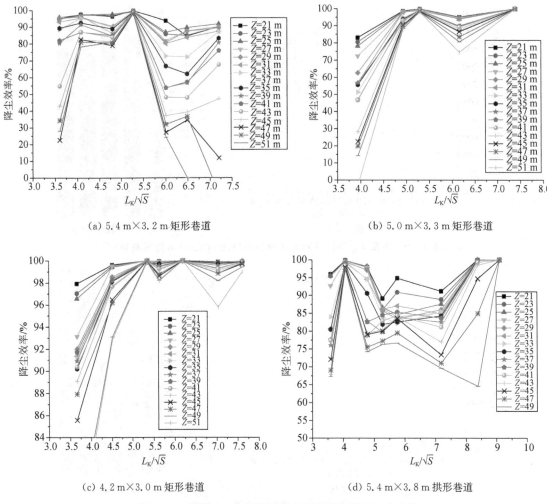

（a）5.4 m×3.2 m 矩形巷道

（b）5.0 m×3.3 m 矩形巷道

（c）4.2 m×3.0 m 矩形巷道

（d）5.4 m×3.8 m 拱形巷道

图 4-23　不同 L_K 条件下距迎头不同距离处的降尘效果

由图 4-19～图 4-23 可以看出,当其他通风工艺参数保持不变时,控尘距离对于系统的降尘效果影响较大;降尘效果并不是单一地随着控尘距离 L_K 的增大或减小而对应变化,而是存在一个最优位置,超过或小于这个位置,则降尘效果发生较为明显的变化。对于矩形巷道,总体来说随着控尘距离的增大,控尘效果也基本随之增强。

断面积 5.4 m×3.2 m 的矩形巷道,L_K 在 $(4.09～5.29)\sqrt{S}$ 范围内,降尘效果较好,特别是在 $L_K=5.29\sqrt{S}$ 处时,降尘效果最为理想。断面积 5.0 m×3.3 m 的矩形巷道,L_K 在不小于 $4.93\sqrt{S}$ 时,降尘效果较好,特别是在 $L_K=5.29\sqrt{S}$ 处时,降尘效果最为理想。断面积 4.2 m×3.0 m 的矩形巷道,L_K 在不小于 $4.93\sqrt{S}$ 时,降尘效果较好,特别是在 $L_K=5.29\sqrt{S}$ 处时,降尘效果最为理想。

经对比发现,对于矩形巷道,在 $L_K=5.29\sqrt{S}$ 时综掘面通风除尘效果均较为理想;为取得较好的控尘效果,拱形断面巷道的控尘距离要大于矩形断面巷道,本模拟条件下,拱形巷道的最佳控尘距离应不小于 $8\sqrt{S}$。

⑤ 压抽风量比对系统降尘效果的影响作用

保持通风除尘工艺参数:$L_{FB}=5$ m、$Q_Y=540$ m³/min、$Q_Z=60$ m³/min、$L_Z=10$ m、$L_K=22$ m、$L_C=2.5$ m 不变,模拟了断面积 5.4 m×3.2 m 和 4.2 m×3.0 m 的两个综掘面在除尘器抽风风量分别为 $Q_C=540$ m³/min、450 m³/min 和 324 m³/min,即压抽风量比 $B_{YC}=1$、1.2 和 1.67 时的控除尘状况。

图 4-24～图 4-25 分别为两个综掘面在不同压抽风量比时的粉尘扩散分布情况。可以看出,在其他合理的通风工艺参数调节下,随着压抽比的增大,系统降尘效果逐渐降低。保持工作面供风风量不变,除尘器抽风量减小,综掘面的降尘效果也随之变差,当压抽风流比 $B_{YC} \geqslant 1.2$ 时,无法达到理想的降尘效果。

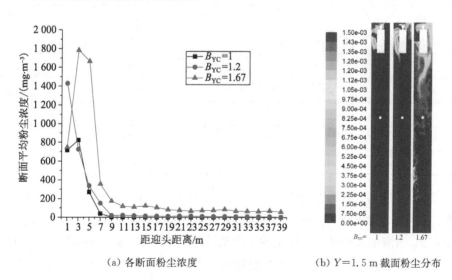

(a) 各断面粉尘浓度　　　　(b) $Y=1.5$ m 截面粉尘分布

图 4-24　不同 B_{YC} 条件下粉尘扩散分布(5.4 m×3.2 m 矩形巷道)

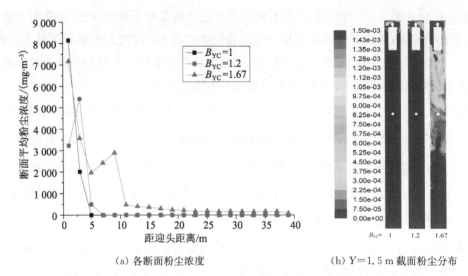

(a) 各断面粉尘浓度   (b) $Y=1.5$ m 截面粉尘分布

图 4-25   不同 B_{YC} 条件下粉尘扩散分布(4.2 m × 3.0 m 矩形巷道)

⑥ 轴径向风量比对系统降尘效果的影响作用

保持通风除尘工艺参数:$L_{FB}=5$ m、$Q_Y=540$ m³/min、$Q_C=450$ m³/min、$L_Z=10$ m、$L_C=2.5$ m 不变,按照表 4-6 所列的附壁风筒轴径向出风量条件,对四个综掘面不同轴径向风量比 B_{ZJ} 时附壁射流对综掘面粉尘扩散控制的影响状况进行了数值模拟。

表 4-6   不同轴径向风量比设置

压入风量 Q_Y/(m³·min⁻¹)	轴向风量 Q_Z/(m³·min⁻¹)	径向风量 Q_J/(m³·min⁻¹)	轴径向比 B_{ZJ}
540	0	540	0.00
540	40	500	0.08
540	50	490	0.10
540	60	480	0.13
540	65	475	0.14
540	80	460	0.17
540	90	450	0.20
540	100	440	0.23
540	120	420	0.29
540	150	390	0.38

图 4-26 为不同 B_{ZJ} 时距综掘面迎头 7 m、9 m、11 m、13 m、15 m 和 17 m 处巷道断面的粉尘分布。图 4-27 为不同 B_{ZJ} 时综掘面 $Y=1.5$ m 截面的粉尘分布。

可以看出,当附壁风筒轴向出风量较少即轴径向风量比 B_{ZJ} 较小时,附壁射流对于综掘面粉尘的控制能力越强,系统降尘效果也越好;当 $B_{ZJ}=0.1\sim0.2$ 时,可以取得较好的控除尘效果。如果 B_{ZJ} 较大,即附壁风筒径向出风量较小时,无法在综掘面迎头附近形成阻尘气幕。

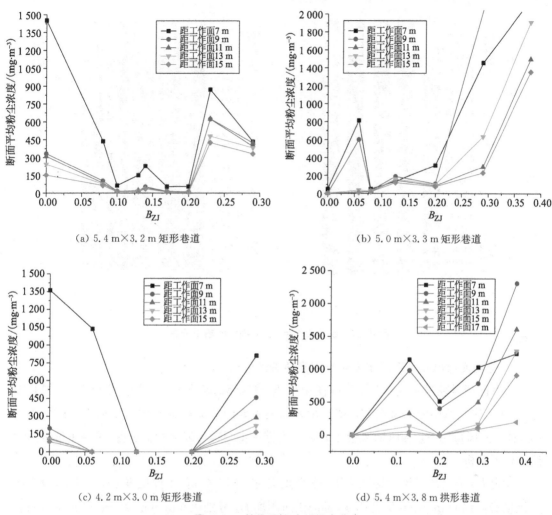

(a) 5.4 m×3.2 m 矩形巷道

(b) 5.0 m×3.3 m 矩形巷道

(c) 4.2 m×3.0 m 矩形巷道

(d) 5.4 m×3.8 m 拱形巷道

图 4-26 综掘面迎头处粉尘分布

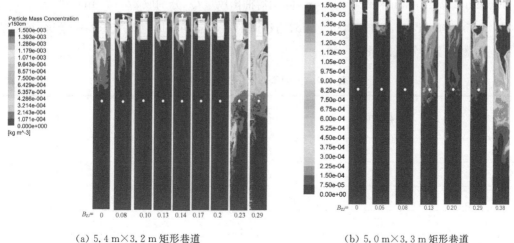

(a) 5.4 m×3.2 m 矩形巷道

(b) 5.0 m×3.3 m 矩形巷道

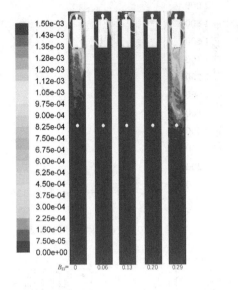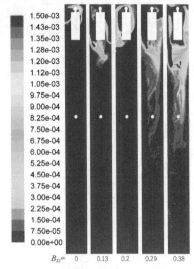

(c) 4.2 m×3.0 m 矩形巷道　　　　　　　　(b) 5.4 m×3.8 m 拱形巷道

图 4-27　综掘面 $Y=1.5$ m 截面的粉尘分布

⑦ 综掘面通风除尘系统主要影响因素显著性分析

综掘面通风除尘系统在井下实际使用时,附壁风筒的长度 L_{FB} 和抽尘距离 L_C 一般是固定的,所以影响综掘面通风除尘系统降尘效果的主要因素就是轴向供风距离 L_Z,控尘距离 L_K,轴径向风量比 B_{ZJ} 和压抽风量比 B_{YC}。 为进一步明确各因素的显著性,采用正价试验方法进行了分析。

设定 L_Z、L_K、B_{ZJ}、B_{YC} 做四因素五水平正交对比模拟分析,条件见表4-7。其中,设定压入风量 $Q_Y=450$ m³/min 保持不变,轴向供风距离 L_Z 分别取 6 m、9 m、12 m、15 m 和 18 m,控尘距离 L_K 分别取 10 m、15 m、20 m、25 m 和 30 m,轴向出风量 Q_Z 分别取 0、45 m³/min、90 m³/min、135 m³/min 和 180 m³/min,除尘器抽出风量 Q_Z 分别取 270 m³/min、305 m³/min、350 m³/min、405 m³/min 和 450 m³/min,通过调节除尘器抽出风量改变压抽风量比,其余条件和上面数值模拟分析的条件一致。

表 4-7　三因素四水平试验条件表

水平	L_Z/m	L_K/m	B_{ZJ}	B_{YC}
1	6	10	0	1.67
2	9	15	0.11	1.43
3	12	20	0.25	1.25
4	15	25	0.43	1.11
5	18	30	0.67	1

采用 $L_{25}(5^6)$ 正交设计表，依据表 4-7 中的正交试验条件分别模拟了 25 组不同通风除尘条件时的降尘效果，以距迎头 8 m（$Z=52$ m）的巷道截面平均粉尘浓度降尘效率为评价综掘面通风除尘效果的目标值。

$$\eta = \frac{c_1 - c_2}{c_1} \times 100\%$$

式中：η 为距迎头 8 m 处断面降尘效率，%；c_1 为距迎头 8 m 处断面无控除尘措施时的平均粉尘浓度，mg/m³；c_2 为距迎头 8 m 处断面采用抽尘净化措施后的平均粉尘浓度，mg/m³。

根据实际情况，按照控尘距离布置，试验 11、16、21 和 22 无法实现，因此将试验 11 和 22 中的控尘距离分别调整为 12 m 和 18 m；同时试验 16 和 22 现场无法出现，因此默认其降尘效果均为 -100%。模拟分析结果如表 4-8 所示。

表 4-8 湿润剂复配试验结果表

试验号	因素				降尘效率/%
	L_Z/m	L_K/m	B_{ZJ}	B_{YC}	
1	6	10	0	1.67	-29.45
2	6	15	0.11	1.43	-5.61
3	6	20	0.25	1.25	96.78
4	6	25	0.43	1.11	27.27
5	6	30	0.67	1	56.94
6	9	10	0.11	1.25	-53.05
7	9	15	0.25	1.11	26.29
8	9	20	0.43	1	82.26
9	9	25	0.67	1.67	23.97
10	9	30	0	1.43	-200.71
11	12	10	0.25	1	-71.62
12	12	15	0.43	1.67	-58.00
13	12	20	0.67	1.43	40.72
14	12	25	0	1.25	-71.14
15	12	30	0.11	1.11	-12.07
16	15	10	0.43	1.43	-100.00
17	15	15	0.67	1.25	2.21
18	15	20	0	1.11	79.14
19	15	25	0.11	1	99.28
20	15	30	0.25	1.67	49.04

试验号	因素				降尘效率/%
	L_Z/m	L_K/m	B_{ZJ}	B_{YC}	
21	18	10	0.67	1.11	−100
22	18	15	0	1	27.07
24	18	20	0.11	1.67	78.15
25	18	25	0.25	1.43	98.90
均值1	29.186	−70.824	−39.018	12.742	
均值2	−24.248	−1.608	21.34	−33.502	
均值3	−34.422	75.41	39.716	−6.724	
均值4	25.934	35.494	−11.378	4.126	
均值5	18.978	−23.044	4.768	38.786	
极差	63.608	146.234	78.734	72.288	

根据表4-8试验结果,各因素对系统降尘效率影响显著性的大小顺序为:$L_K > B_{ZJ} > B_{YC} > L_Z$。在现场实际应用时,应重点调整控尘距离和轴径向出风量。

4.1.3　综掘面长压短抽通风除尘试验研究

(1) 附壁射流控尘掘进面迎头风流分布测试

由于掘进面产生的粉尘以风流作为载体,随风流流动向外运移扩散,掌握掘进面风流分布尤其是迎头区域的风流分布状况是掘进面针对性除尘的前提。为了掌握附壁射流控尘时长压短抽掘进面的风流分布规律,在实验室对只开压风、压抽均开和压控抽均开等3种条件开展了物理模拟试验。

① 试验方案

(a) 试验系统设计

试验系统由模拟掘进巷道(以下简称"模拟巷道")、压入式风机、除尘器、附壁风筒、抽尘风筒、压风风筒组成,如图4-28所示。

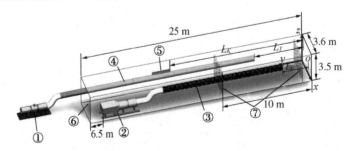

1—压入式风机;2—除尘器;3—抽尘风筒;4—压风风筒;5—附壁风筒;
6—模拟掘进巷道;7—风流测量断面

图4-28　掘进面风流分布模拟试验原理图

　　模拟巷道采用长×宽×高为 25 m×3.6 m×3.5 m 的矩形巷道,断面面积 12.6 m²。压风风筒和抽尘风筒的直径均为 0.6 m,风筒中心线距巷道地面高度均为 1.8 m。压风风筒紧贴巷道侧壁布置,出风口距迎头的距离 L_Y 为 5.5 m;抽风风筒布置在巷道另一侧,风筒中心线距巷道侧壁 1 m,抽尘口距迎头的距离 L_C 为 3.5 m;附壁风筒直径也为 0.6 m,径向出风口长度和宽度分别为 2.5 m 和 0.1 m,出风口末端距迎头的控尘距离 L_K 为 15 m。在距迎头 40 m 处布置一台 FBDN$_O$6.6/2×26 型压入式轴流局部通风机作为供风风机,试验时只开一级电机,布置于巷道内的除尘器选用 KCS-250(D)矿用湿式旋流除尘器,利用变频器调节除尘器抽出风量,抽尘风筒的出风口距巷道出口 1.5 m。

　　图 4-29 中的 x-y-z 坐标系中,以迎头断面靠近压风风筒一侧壁面最底点为坐标原点 O,将巷道宽度方向设为 x 正向,由迎头向巷道入口方向设为 y 正向,巷道高度方向向上设为 z 正向。

　　(b) 试验过程

　　在试验过程中,设计供风风量为 230 m³/min,抽出风量为 200 m³/min,附壁风筒径向出风量为 180 m³/min。

　　如图 4-29 所示。在 y 为 1 m、3 m、6 m、8 m、10 m 和 15 m 的模拟巷道内布置了 6 个测风断面,每个断面设置 42 个测风点,分别测量各点在只开压风机(以下简称为"只开压风")、压风机和除尘器均开(以下简称为"压抽均开")以及压风机、附壁风筒和除尘器均开(以下简称为"压控抽均开")等 3 种条件下的风速及风向。

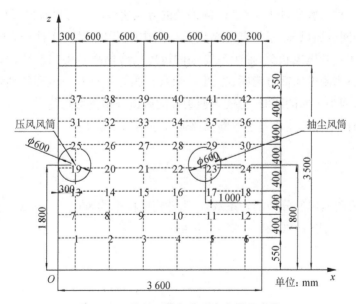

图 4-29　流场测量断面测点布置示意图

　　见图 4-30,采用 FC-307 型二维超声波风速风向传感器及配套的数据采集仪,数据采集间隔 10 s/次,每次试验测量 3 min。规定 x 轴正向的风向为 0°,按照逆时针方向旋转确定测点风向。

(a) 风速风向传感器

(b) 数据采集仪

图 4-30　风速风向测量仪器

FC-307 型二维超声波风速传感器采用了低压驱动式技术,通过超声波时差法计算横向与纵向风速,通过正交矢量合成,计算实际风速和风向。风速测量范围为 0~15 m/s,测量精确度为 ±0.1 m/s 或 ±1%(0~15 m/s,取较大者),分辨率 0.01 m/s;风向测量范围为 0~360°,精确度为 ±2°,分辨率 0.1°;长宽高为 100 mm×100 mm×110 mm。

默认巷道壁面处的风速为 0 m/s。利用 Origin 软件将测量平均值作为测点的风速,得到模拟巷道迎头横断面等风速线图、巷道长度方向风速分布及巷道纵断面等风速线与平面风矢量图。

② 靠近迎头处风速分布

图 4-31 为 3 种试验条件下 $y=3$ m 断面处的等风速线图。可以看出,只开压风时,巷道两帮风速高于中间区域风速,且沿巷道宽度方向向中间衰减较快;压抽均开时,由于除尘器抽吸作用,相对于只开压风状况,抽尘风筒一侧风速虽然仍高于中间区域,但风速沿巷道宽度方向衰减降缓;当附壁风筒开启时,见图 4-31(c),相对于只开压风和压抽均开两种状态,附壁射流在降低迎头风速的同时,也使得迎头处的风速分布更加均匀。

利用巷道断面平均风速构建巷道断面风速分布均匀系数 K_0。

$$K_0 = \frac{\bar{v}}{\bar{v} + \Delta v} \tag{4-25}$$

式中:K_0 为巷道断面风速分布均匀系数;$\bar{v}$ 为巷道断面平均风速,m/s;Δv 为巷道断面风速平均偏差,m/s,可由式(4-26)和(4-27)计算得到。

$$\bar{v} = \frac{\sum_{i=1}^{n} v_i}{n} \tag{4-26}$$

式中:v_i 为巷道断面对应测点的风速值,m/s;n 为巷道断面上的测点数量。

$$\Delta v = \frac{\sum_{i=1}^{n} |v_i - \bar{v}|}{n} \tag{4-27}$$

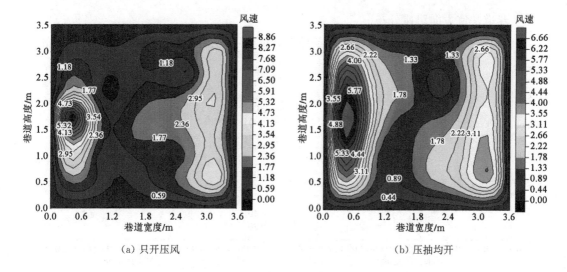

（a）只开压风　　　　　　　　　　　　（b）压抽均开

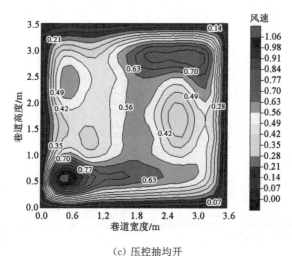

（c）压控抽均开

图 4-31　迎头横断面等风速线（$y=3$ m）

由式（4-25）可知，K_0 越大，巷道断面风速分布得均匀性越好。3 种实验条件下 $y=3$ m 断面处巷道断面风速分布均匀系数分布如图 4-32 所示。

在 $y=3$ m 断面处，只开压风时，压风风筒前部区域的风速较大，一般在 3 m/s 以上，测点最高风速为 8.84 m/s，巷道中部风速较低，测点最低风速为 0.63 m/s，K_0 仅为 0.68；压抽均开时，巷道断面风速分布总体情况变化不大，K_0 为 0.70；压控抽均开时，断面上的平均风速较小且分布更加均匀，最大和最小测点风速分别为 1.05 m/s 和 0.29 m/s，K_0 高达 0.83，比只开压风时提高了 15%。

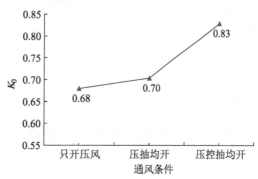

图 4-32　巷道断面风速分布均匀系数（$y=3$ m）

115

③ 巷道长度方向风速分布

图 4-33～图 4-35 分别为 3 种实验条件下巷道内不同纵断面上(y 方向)的风速分布。

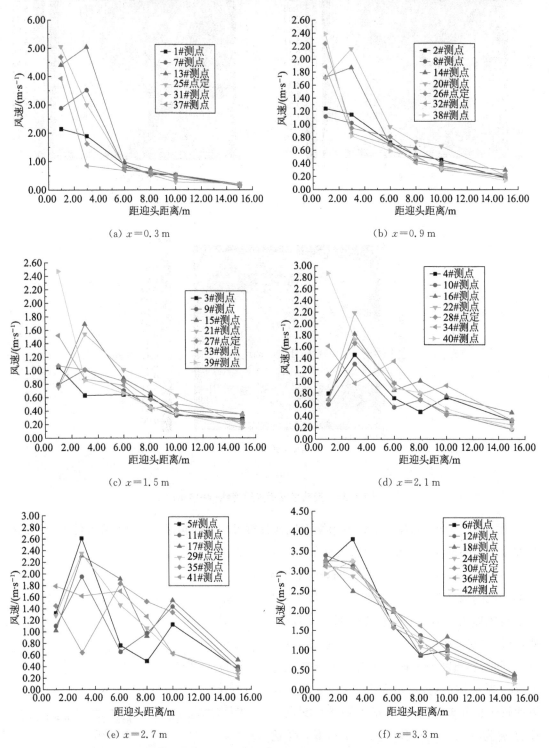

图 4-33　距迎头不同距离处风速分布(只开压风)

由图 4-33 可以看出,只开压风时,随着距迎头距离的增大(即 y 值增大),巷道内的风速逐渐衰减。例如,在 $x=1.5$ m 纵断面上,27# 测点在 $y=1$ m 时风速为 1.07 m/s,在 $y=15$ m 时,风速衰减为 0.23 m/s;在靠近压风风筒的巷道一侧,在压风风筒水平高度以上区域,风速随着距迎头距离的增大逐渐由大减小;在压风风筒高度水平附近及以下区域,如 7#、13#、14# 等测点,风速先增大,在 $y=3$ m 处增至最大,后又逐渐减小;在靠近抽风风筒一侧,风速则和压风风筒一侧呈相反分布。由于受到抽风风筒的影响,在 $x=2.7$ m 的纵断面上风速变化较为紊乱。

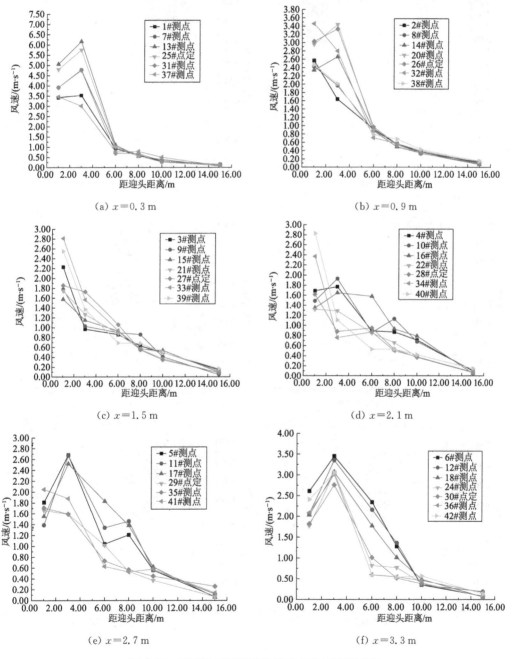

图 4-34　距迎头不同距离处风速分布(压抽均开)

由图 4-34 可以看出，类似于只开压风，随着距迎头距离的增大，巷道内的风速逐渐减小。在靠近巷道两帮处，如 $x=0.3$ m，0.9 m 和 3.3 m 纵断面上风速先增大，在距迎头 3 m 处增至最大，后逐渐减小；在 $x=1.5$ m 纵断面上随着距迎头距离的增大，风速逐渐由大减小；在中部区域，即 $x=2.1$ m 和 2.7 m 纵断面上，巷道高度 $z=1.35$ m 以上区域风速先增大，在 $y=3$ m 处增至最大，后逐渐减小，而在 $z \leqslant 1.35$ m 区域，风速由大逐渐减小。

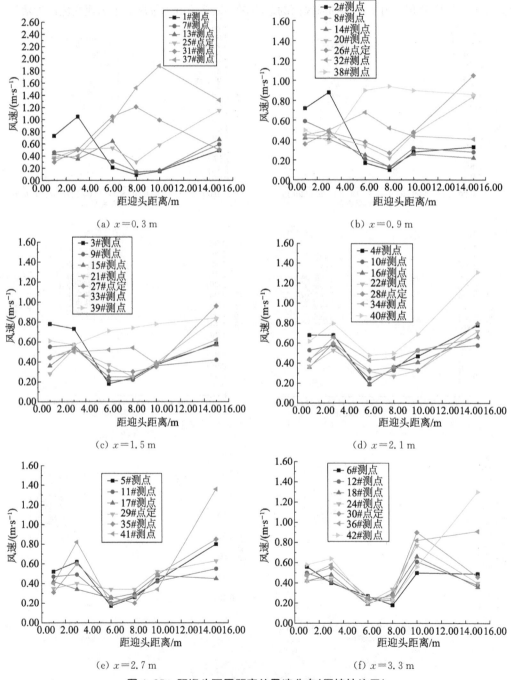

图 4-35　距迎头不同距离处风速分布（压控抽均开）

如图 4-35 所示,相对前两种试验条件,在压控抽均开时巷道纵断面上迎头区域内的风速分布有了明显改变。靠近迎头和附壁风筒径向出风口处的风速相对较大,中间区域风速相对较小;总体上沿巷道长度方向风速分布更为均匀,尤其是巷道中间区域,见 $x=1.5$ m、2.1 m 和 2.7 m 的纵断面上风速分布。

为进一步分析巷道长轴方向风速分布规律,以 $x=1.5$ m 纵断面为例,图 4-36 反映了巷道不同高度方向上(z 方向)3♯、9♯、15♯、21♯、27♯、33♯ 和 39♯ 测点的风速在三种试验条件下的变化情况。从中可知,在巷道迎头 15 m 的区域内,只开压风和压抽均开时,巷道内的风速沿长度方向衰减较快,近似负指数分布;压控抽均开时,附壁风筒出口位置风速略高,总体上从附壁风筒出风口处到迎头风速变化不大。

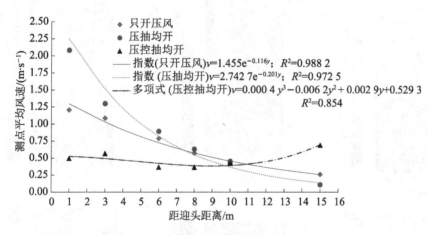

图 4-36　纵断面测点风速分布($x=1.5$ m)

④ 巷道不同高度水平截面风流分布

图 4-37～图 4-39 分别为 3 种试验条件下巷道不同高度水平截面的风流分布,图中"→"为平面风矢量。

由图 4-37 可以看出,风流从压风风筒口以射流状态流出,到达迎头后受迎头煤(岩)壁阻挡改变了方向,转向巷道另一侧往巷道出口方向流出;在 $y=8\sim10$ m、$z\leqslant2.25$ m 的巷道中,部分外流风流在压风射流卷吸作用下,逐渐改变方向,部分流向迎头,在迎头前部 8 m 区域内形成一个涡流区;迎头附近风速最大,随着与迎头距离的增大,风速逐渐衰减;在 x 方向,靠近两帮区域的风速较大。

由图 4-38 可以看出,类似于只开压风,在压抽均开条件下迎头及邻近迎头两帮的风速较大。与只开压风比较,距迎头 10 m 以后的巷道中风速较小且变化较为均匀;在压风、巷道迎头煤(岩)壁及除尘器抽吸共同作用下,在巷道 $z=1.35$ m 高度以上,迎头附近的风流大部分流向抽尘口一侧,只有少部分风流越过抽尘口后继续向外扩散,而在巷道 $z=1.35$ m 高度以下区域,越过抽尘口继续向巷道出口方向扩散的风流更多。

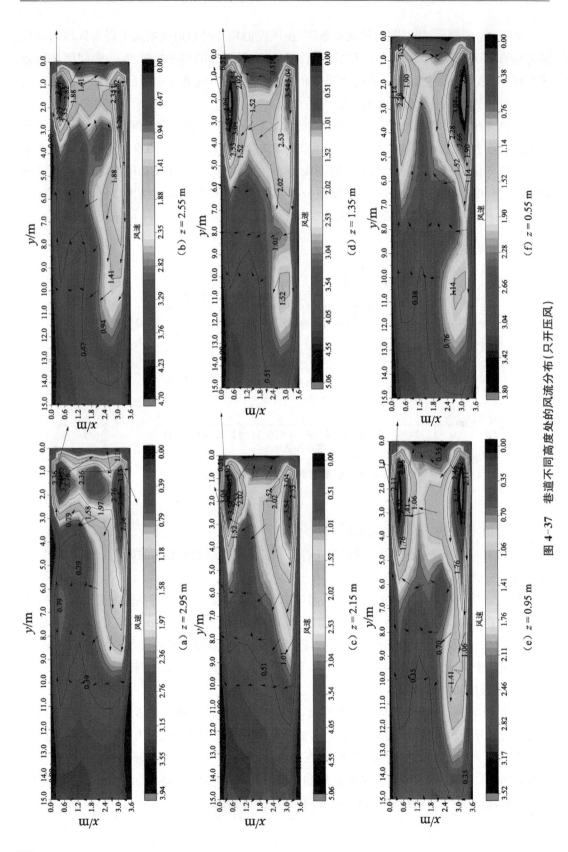

图 4-37 巷道不同高度处的风流分布（只开压风）

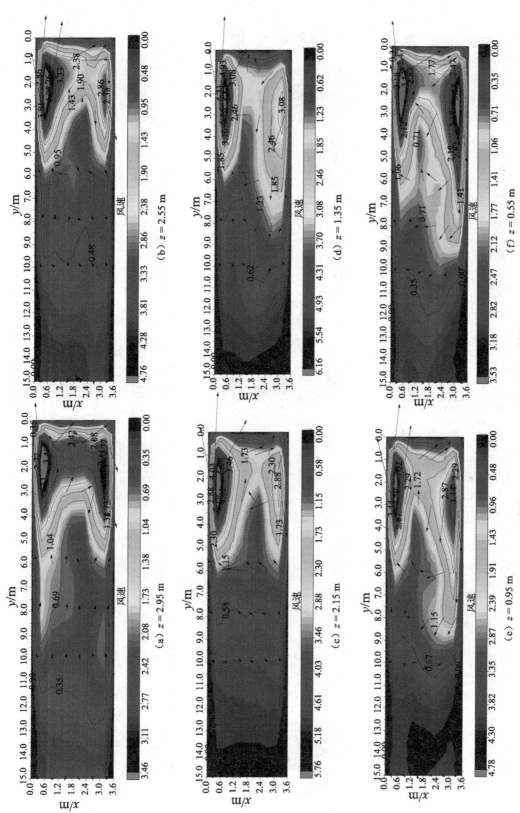

图 4-38 巷道不同高度处的风流分布（压抽均开）

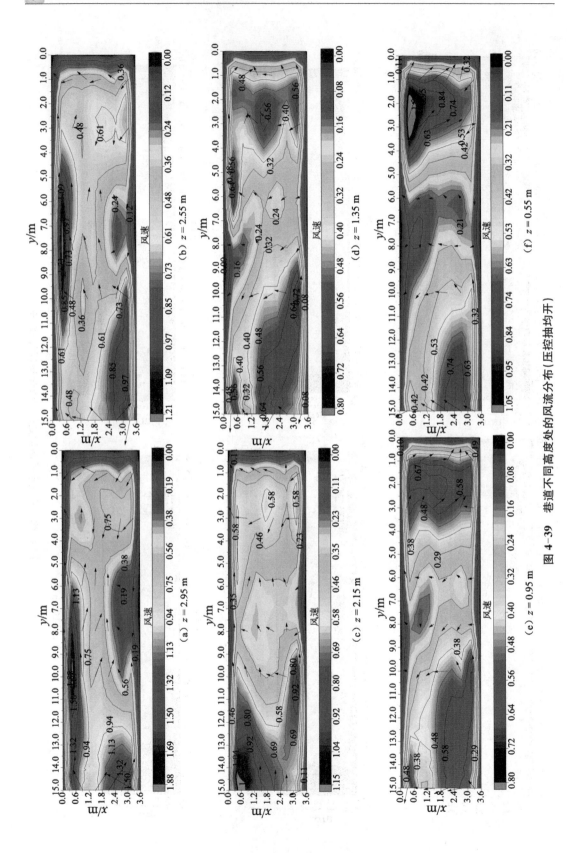

图 4-39 巷道不同高度处的风流分布（压控抽均开）

由图 4-39 可以看出,相对于前两种状态,附壁风筒到迎头煤(岩)壁之间的风速相对较小,但风速分布更为均匀;在除尘器抽吸作用下,$z=2.15$ m 以上区域的风流主要流向迎头并最终进入抽尘口;在 $z=1.35$ m 以下的区域,距迎头 8 m 的风速最小,并向两个方向流动,一部分流向迎头,一部分流向巷道出口方向。由于附壁风筒出风口处($y=15$ m)的风流基本流向迎头,在迎头回流的风流共同作用下,在附壁风筒出风口至迎头之间形成了两个涡流区。

⑤ 试验结果分析

(a) 距迎头 3 m 处巷道横断面等风速线图表明,只开压风时巷道全断面风速分布均匀系数 K_0 为 0.68,压抽均开时为 0.70,而压控抽均开时高达 0.83,比只开压风时提高了 15%,说明压控抽均开有效地改善了巷道全断面风速的均匀性。

(b) 在距迎头 15 m 内的区域内,只开压风和压抽均开时,迎头附近风速最大,并随着距迎头距离的增加而逐渐衰减,其中部分测点风速先增大,在距迎头 3 m 处增至最大,后又逐渐减小,总体呈负指数分布;压控抽均开时,附壁风筒出口位置风速略高,总体上从附壁风筒出风口处到迎头风速变化不大。

(c) 迎头区域不同高度平面的风流分布图表明,只开压风时,在迎头前部 8 m 范围内巷道的中下部区域存在 1 个涡流区;压控抽均开时,在 $z=2.15$ m 及以上的区域,风流在除尘器抽吸作用下,主要流向迎头的抽尘口,有效控制了掘进粉尘再进一步向外扩散;在 $z=1.35$ m 以下的区域,距迎头 8 m 位置处的风速最小,而此处的风流分成两部分,一部分流向迎头,一部分流向巷道出口方向,在距迎头 0~8 m 和 8~15 m 区域内形成两个涡流区。

(2) 综掘面长压短抽通风除尘试验

① 试验系统及方法

在中煤科工集团重庆研究院有限公司综掘模拟试验分析系统实验巷道内开展了综掘面长压短抽通风除尘实验室 1∶1 等比例试验。该试验系统模拟巷道断面大小可以调节,巷道长 42 m,宽度为 3~5 m 可调,高度为 2.5~5 m 可调,从而可实现巷道断面面积在 7.5~25 m^2 可调。根据煤矿综掘工作面生产现场实际情况,综掘模拟巷道内分别布置 JK40-1No7.5/22 kW 压入式局部通风机、KCS-550-Ⅰ除尘器、模拟掘进机(长 9 m,宽 2.0~3.6 m,高 1.3~1.8 m)、二运转载、轻质附壁风筒及粉尘发生装置等,压风风筒和抽尘风筒直径均为 800 mm,模拟试验系统如图 4-40 所示。图 4-41 为轻质附壁风筒。

本次试验,调节巷道断面大小为 5.0 m×3.3 m,断面面积为 16.5 m^2。利用 ZTCK660(A)煤矿机掘面通风除尘监控装置实现除尘器抽出风量监测和调节,以及压入风量及轴向风量的监测;通过变频器调节压入供风风量大小,采取增加阻力的方式对附壁风筒轴径向出风量大小进行调节。利用寸草塔煤矿干式除尘器在半煤岩巷内收集的粉尘作为模拟粉尘,按照 800 mg/m^3 的发尘浓度进行发尘。如图 4-42 所示,在试验巷道内设置 6 个粉尘质量浓度测尘点,其中 1# 测点主要是为校验发尘浓度,2# 和 3#(回风侧距迎头 12.5 m)测尘点分别位于掘进机司机位置和机组后 4~5 m 处。采用 AZF-2 型粉尘采样器对两个采样点处的总粉尘浓度按照滤膜质量增重法进行测量。

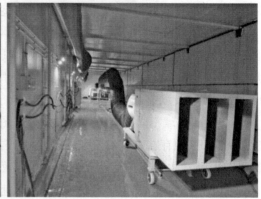

图 4-40　综掘面通风除尘模拟试验系统

图 4-41　轻质附壁风筒

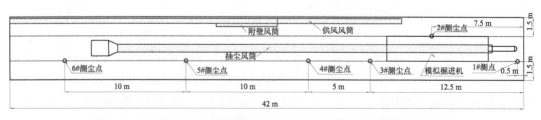

图 4-42　综掘面长压短抽通风除尘模拟试验系统及粉尘测点布置示意图

首先根据数值模拟情况,将试验系统压入式风机供风量调至 540 mg/m³,将除尘器抽出风量调至 450 mg/m³,附壁风筒到径向出风口前端距工作面 21.5 m,轴向出风口距工作面 10 m,轴向出风量 60 mg/m³,除尘器吸尘口距工作面 2.5 m,在此条件下进行发尘模拟试验,测量各采样点处的粉尘浓度。

后续试验测试每次均以该通风参数条件作为基础,然后再分别调节系统轴向出风距离 L_Z、压抽风量比 B_{YC}、控尘距离 L_K 及轴径向风量比 B_{ZJ},测量各测点处的粉尘浓度,分析和检验这些参数对于系统降尘效果的影响规律。

② 轴向出风距离对系统降尘效果影响作用

保持试验系统其余通风参数不变,分别调节供风风筒轴向出风距离为 5 m、10 m 和 15 m,测量其对系统降尘效果的影响作用。图 4-43 为试验测试结果。

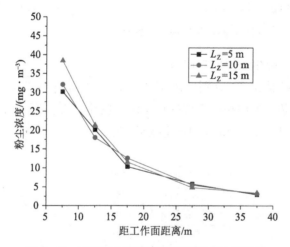

图 4-43　不同轴向出风距离时各测点粉尘浓度

由试验结果可以看出,随着供风轴向出风距工作面距离的变化,各测点的粉尘浓度变化不大。这主要是由于为保证较好的控尘效果,一般轴向出风量较小,所以其出风距离的变化对于系统的影响较小,降尘效率变化不大。

③ 压抽风量比对系统降尘效果影响作用

保持试验系统其余通风参数不变,分别调节除尘器抽出风量为 540 mg/m³、490 mg/m³、450 mg/m³、386 mg/m³、338 mg/m³,即压抽风量 Q_{YC} 比分别为 1、1.1、1.2、1.4 和 1.6。图 4-44 表示各测点粉尘浓度以及司机位置和机组后 4～5 m 处的降尘效果。

由图 4-44 可以看出,保持工作面供风风量不变,随着除尘器抽出风量的减小,即随着压抽比的增大,系统降尘效果逐渐变差。除尘器抽风量减小,综掘面的降尘效果也随之变差,当压抽风流比 $B_{YC} \geqslant 1.2$ 时,无法达到理想的降尘效果。除尘器抽出风量过小,不能很好地引导径向风流在工作面迎头附近形成有效的阻尘气幕,掘进机截割产生的粉尘往后方扩散的距离将会增大,对工作面造成粉尘污染。

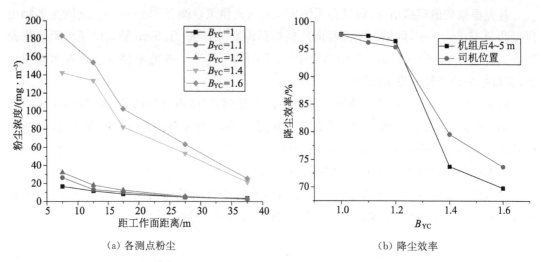

(a) 各测点粉尘

(b) 降尘效率

图 4-44   不同抽出风量时的系统降尘效果

④控尘距离对系统降尘效果影响作用

在通风参数不变的情况下,分别使附壁风筒到工作面的距离为 15 m、20 m、21.5 m、25 m 和 30 m,考察各条件下综掘面模拟试验系统的粉尘情况。图 4-45 为不同测点粉尘浓度以及司机位置和机组后 4~5 m 处的降尘效果。

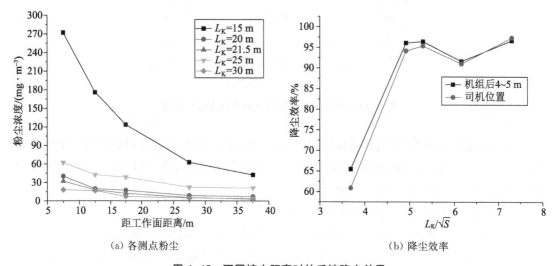

(a) 各测点粉尘

(b) 降尘效率

图 4-45   不同控尘距离时的系统降尘效果

由图 4-45 可以看出,总体上,控尘距离增大,各测点的粉尘浓度也随之减小,系统降尘效果逐步提高,但是降尘效果并不是一直在增大,呈现波浪起伏,在某几个点处降尘效果相对较好。控尘距离对于试验系统的降尘效果影响明显,主要是因为附壁风筒径向流出的大部分风流在除尘器抽吸作用下旋转流向工作面迎头形成阻尘气幕阻止粉尘扩散,提高了降尘效果,而附壁风筒距迎头距离的变化会直接影响阻尘气幕形成的效果。如果附壁风筒距工作面太近,可能会导致其径向出口气流扩散不充分,部分风流在工作面掘进设备的影响下会加剧迎头粉尘的扩散,从而影响降尘效果。

⑤ 轴径向风量比对系统降尘效果影响作用

保持试验系统其余通风工艺参数不变,分别调节附壁风筒的轴向出风量 Q_Z 为 0 m³/min、30 m³/min、60 m³/min、90 m³/min、120 m³/min 和 150 m³/min,考察各条件下综掘面模拟试验系统的粉尘情况。图 4-46 为不同测点粉尘浓度以及司机位置和机组后 4～5 m 处的降尘效果。

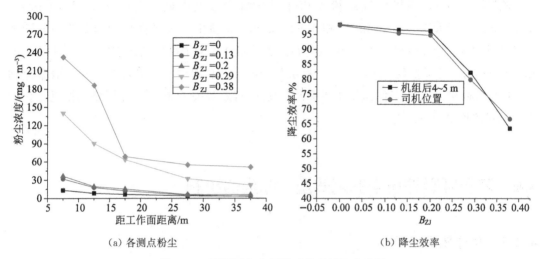

(a) 各测点粉尘   (b) 降尘效率

图 4-46 不同轴向出风量时的系统降尘效果

4.1.4 综掘工作面长压短抽通风除尘系统工程应用

根据上述理论分析、数值模拟及试验测试得到的结论,在神东寸草塔煤矿 31 煤回风联络巷掘进工作面开展了工程试验应用。

(1) 工作面概况

神东寸草塔煤矿 31 煤回风联络巷掘进工作面设计断面形状为矩形(宽×高＝5.4 m×3.2 m),主要施工工艺为采用一台 EBZ200 型综掘机完成掘进面破煤(岩)、装煤(岩)工序。综掘机截割时,煤(岩)落入收集头机构,耙爪连续运转,中部刮板运输机将割落的煤(岩)转运到二运胶带机,再通过四部胶带机运至 22117 主运皮带。煤层总体倾向 NNW,倾角为 1～3°,局部倾角为 5°,煤层较稳定,煤层底板高程 1 036～1 051 m;煤厚 1.3～3.9 m,平均厚度为 2.6 m,颜色为黑色,条痕呈褐色,暗淡光泽。煤层中部含有 1～3 层泥岩夹矸,厚度为 0～0.7 m。煤质水分含量为 7.65%,该煤层煤尘有爆炸性。参考 2018 年瓦斯等级鉴定报告,寸草塔煤矿全矿井绝对瓦斯涌出量为 5.81 m³/min,相对瓦斯涌出量为 1.19 m³/t;掘进工作面最大绝对瓦斯涌出量为 0.24 m³/min,属低瓦斯矿井。选用 FBDYNo6.3/2×30 kW 矿用隔爆型压入式对旋轴流局部通风机供风,供风风筒直径为 800 mm,实测供风量为 450 m³/min。

(2) 工程应用及效果

根据前面研究结果,考虑到该煤矿属于低瓦斯矿井,工作面绝对瓦斯量低,为了获得理想的降尘效果,除尘系统压抽风量比取 1.1,除尘器吸入风量取 400 m³/min,附壁风筒轴径向风量比为 0.1,轴向出风口距迎头 10～15 m,附壁风筒控尘距离定为 20～30 m,吸尘口距迎头 2.5 m。选用 KCS-550D-Ⅰ 矿用湿式除尘风机,同时采用 ZTCK660(A)煤矿机掘面通风除尘监控装置实现除尘器抽出风量监测和调节。

生产期间,在不采取降尘措施和开启除尘系统的两种条件下,采用 AKFC-92A 矿用粉尘采样器对司机位置和机组后 4～5 m 处的粉尘浓度进行了采样测定。

测量结果显示,司机位置总粉尘和呼吸性粉尘浓度由使用前的 462.38 mg/m³ 和 138.89 mg/m³ 降低到 8.63 mg/m³ 和 4.82 mg/m³,总粉尘和呼吸性粉尘降尘效率分别为 98.13% 和 96.53%;机组后 4～5 m 处总粉尘和呼吸性粉尘浓度由使用前的 428.62 mg/m³ 和 129.64 mg/m³ 降低到 7.14 mg/m³ 和 4.55 mg/m³,总粉尘和呼吸性粉尘降尘效率分别为 98.33% 和 96.49%。工作面作业环境大大改善,有效解决了 31 煤回风联络巷掘进工作面生产期间的粉尘污染问题。

4.2 基于呼吸性粉尘的高效湿式除尘器研制

4.2.1 总体技术路线

（1）总体方案

为了实现呼吸性粉尘的除尘效率≥95%,本节拟在湿式除尘技术的基础上,参照德国 CFT 湿式除尘器结构(图 4-47),并对呼吸性粉尘高效控制单元、高效脱水技术等影响呼吸性粉尘高效控制的关键技术进行研究,开发出满足所提技术参数要求的高效湿式除尘装备。

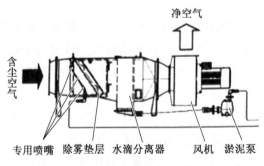

图 4-47　除尘装备总体结构图

拟采用理论分析、实验研究等手段研究过滤网孔径与层数、脱水结构形式等因素对呼吸性粉尘除尘效率的影响规律,从而为优化除尘设备的结构参数及工作参数提供依据,在此基础上,通过整机结构优化与实验验证来获得最终产品。本装备的总体研发路线如图 4-48 所示。

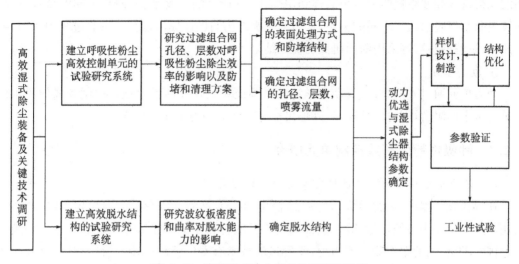

图 4-48　高效湿式除尘器总体研发路线图

（2）技术路线

① 呼吸性粉尘高效控制单元

呼吸性粉尘高效控制单元由喷嘴、过滤组合网两部分组成。主要影响因素有过滤组合网的孔径、层数、喷雾流量等。为了便于获得这些因素对呼吸性粉尘控制效果的影响规律，拟建立一个如图 4-49 所示的专用试验平台。

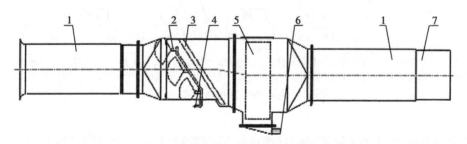

1—测试管道；2—喷嘴；3—过滤组合网；4—进水口；5—脱水器；6—出水口；7—风机

图 4-49　高效控制单元试验平台

利用该试验平台，可以研究在不同风量和喷雾流量下，不同过滤组合网孔径、层数对呼吸性粉尘除尘效率的影响规律，同时也可以研究它们对阻力的影响规律，从而为最终确定呼吸性粉尘高效过滤单元的孔径和层数提供依据。

为解决呼吸性粉尘高效过滤单元的堵塞问题，拟对地面相对成熟的防堵技术进行调研，包括防黏结表面处理技术和背面高压清洗技术等，采用对比分析和试验研究等法来优化出合适的防堵方案。

② 高效脱水单元

高效脱水单元拟采用负压波纹板脱水原理。为了获得优化的波纹板结构参数（主要包括波纹板密度和波纹板曲率),拟同样利用图4-49所示的试验平台,研究不同波纹板密度、波纹板曲率与脱水效率之间的关系,从而为脱水结构的设计提供依据。试验过程中风速、喷雾流量、过滤网参数等采用前面研究的优化结果。

③ 动力单元

动力单元通过外购获得,其动力学特性必须能克服呼吸性粉尘高效控制和高效脱水两个单元带来的阻力,同时要从噪声、外形尺寸等方面对动力单元进行优选。

4.2.2 呼吸性粉尘高效控制单元研究

(1)过滤单元材质对呼吸性粉尘除尘效率的影响

在湿式除尘器中,过滤单元对呼吸性粉尘的捕集效率直接影响着除尘器的除尘效率。常用的过滤单元为不锈钢过滤网,然而其针对呼吸性粉尘的除尘效率不高。在烟气脱硫以及德国CFT公司的湿式除尘器当中,丝网过滤技术有着广泛的应用,其针对呼吸性粉尘等微小颗粒的过滤效果更好。因此,本小节对比研究了多层过滤网、丝网以及过滤网丝网组合的除尘效果。

根据研究要求,设计制造了除尘器试验平台,并搭建试验系统,如图4-50所示。

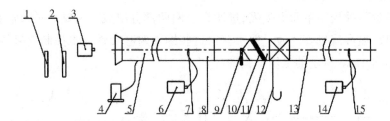

1—温度计;2—气压计;3—发尘器;4—补偿式微压计;5—测试管道Ⅰ;6—抽气泵Ⅰ;7—采样孔Ⅰ;8—测试管道Ⅱ;
9—喷嘴;10—过滤丝网;11—高效湿式除尘器实验平台;12—U形管;13—测试管道Ⅲ;14—抽气泵Ⅱ;15—采样孔Ⅱ

图4-50 测试系统图

在测试系统中,更换不同类型的过滤单元,采用顺喷喷雾,按照MT 159标准中的总除尘效率及呼吸性粉尘测试方法,对前后端采样滤膜样本进行粒度分析,并计算总除尘效率及呼吸性粉尘的除尘效率。试验结果如表4-9所示。

表4-9 过滤单元除尘效率对比试验

过滤单元	风速/($m \cdot s^{-1}$)	阻力/Pa	总除尘效率/%	呼吸性粉尘除尘效率/%
3层60目过滤网	8	960	96	85.8
5层60目过滤网	8	1 520	96.5	88.6
50 mm厚度丝网	8	1 720	99.2	93.1
30 mm厚度丝网	8	1 300	98.7	90.2
30 mm厚度丝网前端安装单层过滤网	8	1 420	99.1	92.5

由试验结果可以看出,丝网过滤单元呼吸性粉尘除尘效率要高于过滤网,但是阻力较大。而丝网与过滤网组成的组合过滤单元不仅除尘效率较高,并且大大减小了丝网的厚度从而减小了过滤单元的阻力。

(2)风速对除尘效率的影响

分别测试了风速为 2 m/s、6 m/s、7 m/s、7.8 m/s、8.6 m/s 时风速对除尘效率的影响。试验中过滤单元为 30 mm 厚丝网前端安装 60 目过滤网采用顺逆喷形式,发尘类型为 3 000 目滑石粉。测试结果如表 4-10 所示。

表 4-10　不同风速下除尘器呼吸性粉尘除尘效率

测试风速/(m·s⁻¹)	2 m/s	6 m/s	7 m/s	7.8 m/s	8.6 m/s
除尘效率/%	53%	98.3%	99%	98.7%	98.6%

(3)喷雾方式对除尘效率的影响研究

在湿式除尘器中,主要作用环节为喷雾捕尘、水雾冲击到过滤网形成的混合捕尘区捕尘以及脱水段脱水降尘三部分。对于顺喷与逆喷,脱水段之间并没有明显差异,但这两种方式在前两个环节上却有明显不同。因此,本节主要从喷雾捕尘和混合捕尘区捕尘两个环节来对比顺喷与逆喷的差异。

① 喷雾捕尘效果对比分析

湿式除尘器中,在水雾撞击到过滤网形成混合捕尘区之前,是依靠水雾对空气中粉尘的惯性碰撞、截留、静电力、扩散作用等多种机理的综合应用实现喷雾降尘。假设上述降尘机理是相互独立的,则各种机理的单颗雾滴的总捕尘效率为:

$$\eta_i = 1 - (1 - \eta_I)(1 - \eta_R)(1 - \eta_D)(1 - \eta_E) \tag{4-28}$$

式中:η_i 为单颗雾滴的捕尘效率,%;η_I 为惯性碰撞的捕尘效率,%;η_R 为截留作用的捕尘效率,%;η_D 为扩散效应的捕尘效率,%;η_E 为静电效应的捕尘效率,%。

影响以上几种降尘机理的主要因素是雾滴直径,雾滴粒径越小,捕尘效率越高。国内外学者的大量实验和研究证明,雾滴捕尘的最佳速度为 20～30 m/s,雾滴和粉尘在空气中混合的时间越长,捕集粉尘的概率越高。

通过以上分析,在喷雾降尘阶段,逆向喷雾相对于顺向喷雾主要有以下几个方面的优势:

(a)逆喷时,离开喷嘴的水雾相对于含尘气流的相对速度更快,而除尘器中过滤段的风速一般低于 10 m/s,水雾相对速度更接近 20～30 m/s。此时水雾利用惯性、拦截、吸附等机理对粉尘形成捕捉的概率更大;

(b)逆喷时,较大的相对速度使水雾在风流扰动下更容易破碎,形成更小的雾滴,这有利于进一步加强雾滴对小颗粒粉尘(特别是呼吸性粉尘)的捕尘效果;

(c)逆喷时,雾滴在除尘器中先减速再逆向加速撞击到过滤网上,该过程比顺喷时雾滴直接加速撞击到过滤网上所耗的飞行时间更长。因此,逆喷时雾滴捕集粉尘的概率更高。

混合捕尘区捕尘的机理是喷嘴喷出的水雾撞击过滤网,在过滤网处形成了一个由水雾

(含喷嘴产生喷雾和水滴与过滤网、内壁等碰撞产生的水雾)和水膜捕尘为主的综合作用区,这是除尘器捕尘的主要环节。

从喷雾过程来看,顺喷时,由于喷雾方向与风流方向一致且喷嘴距过滤网较近,所以大量的水雾以较高的速度冲向过滤网形成混合捕尘区。相比之下,逆喷时到达过滤网的雾滴量往往较顺喷少(与喷嘴雾化效果、风速等密切相关),速度也较顺喷低,导致不同喷雾方式下过滤网综合捕尘区的捕尘效果有差异。

基于以上分析,在喷雾降尘阶段,较之于顺喷,逆喷具有相对速度大、雾化效果好、作用时间长等明显优势;而在混合捕尘阶段,逆喷存在返回到过滤网上的水量偏少的不足,但可以通过对逆喷雾滴运动轨迹进行研究来合理优化逆喷参数,如喷雾粒径、喷嘴布置位置等,尽量增加返回到混合捕尘区的水量,达到提高除尘效果的目的。

② 雾滴运动数学模型

除尘器中喷嘴逆向喷雾受风流影响下的雾滴的分布如图4-51所示。

假设雾滴为轴对称的圆球形并在运动过程中无蒸发和碰并现象。雾滴在运动过程中主要受到风流的拖拽力、空气浮力和重力的影响。根据受力情况,以喷雾的中性面为分界面,根据牛顿第二定律分别建立中性面以上的雾滴和中性面以下的雾滴在水平方向和竖直方向运动的微分方程。

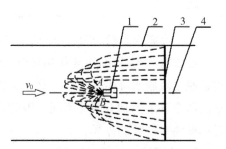

1—喷嘴;2—除尘器壳体;3—过滤网;4—中性面

图 4-51　逆向喷雾雾滴分布

中性面以上雾滴运动微分方程:

$$
\begin{cases}
\dfrac{\mathrm{d}^2 x}{\mathrm{d}^2 t} = \dfrac{4}{3} \cdot \dfrac{\rho_g}{\rho_w} \dfrac{(v_x + v_0)^2}{D} C_D \\[2mm]
\dfrac{\mathrm{d}^2 y}{\mathrm{d}^2 t} = g\left(1 - \dfrac{\rho_g}{\rho_w}\right) + \dfrac{3}{4} \cdot \dfrac{\rho_g}{\rho_w} \dfrac{C_D}{D} v_y^2 \\[2mm]
\dfrac{\mathrm{d} x}{\mathrm{d} t} = v_x \\[2mm]
\dfrac{\mathrm{d} y}{\mathrm{d} t} = v_y
\end{cases}
\tag{4-29}
$$

中性面以下运动微分方程:

$$
\begin{cases}
\dfrac{\mathrm{d}^2 x}{\mathrm{d}^2 t} = \dfrac{4}{3} \cdot \dfrac{\rho_g}{\rho_w} \dfrac{(v_x + v_0)^2}{D} C_D \\[2mm]
\dfrac{\mathrm{d}^2 y}{\mathrm{d}^2 t} = g\left(1 - \dfrac{\rho_g}{\rho_w}\right) - \dfrac{3}{4} \cdot \dfrac{\rho_g}{\rho_w} \dfrac{C_D}{D} v_y^2 \\[2mm]
\dfrac{\mathrm{d} x}{\mathrm{d} t} = v_x \\[2mm]
\dfrac{\mathrm{d} y}{\mathrm{d} t} = v_y
\end{cases}
\tag{4-30}
$$

式中：x 为雾滴沿水平方向的位移量；y 为雾滴沿竖直方向的位移量；v_x 为喷雾速度在水平方向上的分量，$v_x = v\cos\theta$，v 为喷雾速度，θ 为喷射角度；v_y 为喷雾速度在水平方向上的分量，$v_y = v\sin\theta$；v_0 为含尘气流风速；ρ_g、ρ_w 分别为空气和水的密度；D 为雾滴直径；C_D 为拽力系数。

解此微分方程的关键是求出拽力系数 C_D，总结国内外公开发表的文献资料，发现 park 公式常被用于喷嘴的 C_D 值的计算，其分区计算公式(4-31)所示：

$$\begin{cases} C_D = (24/Re)(1 + 0.15Re^{0.687}), & Re \leqslant 1\,000 \\ C_D = 0.438\{1.0 + 0.21[(Re/1\,000) - 1]^{1.25}\} & Re > 1\,000 \end{cases} \quad (4\text{-}31)$$

其中雷诺数 Re 主要受雾滴运动受到的黏性系数 μ、运动速度 v 和雾滴的特征长度 D（直径）影响，即：

$$Re = vD/\mu \quad (4\text{-}32)$$

得到拽力系数过后，就可以对雾滴的运动轨迹进行数值求解。

③ 逆喷参数对捕尘效果的影响

由前面分析可知，影响逆喷混合捕尘区除尘效率的主要因素是撞击到过滤网上雾滴的水量。而通过对雾滴运动方程的分析，得到影响雾滴运动的主要参数是雾滴直径、喷雾速度以及喷嘴张角等，并且雾滴的运动轨迹受制于除尘器内腔的尺寸（即雾滴在撞击到过滤网之前是否撞击到除尘器内腔上）。

由于在喷嘴喷雾覆盖范围内雾滴的分布比较均匀，通过研究喷雾极限点 A、B（见图 4-52）的运动轨迹可以得到雾滴撞击到过滤网上的覆盖范围。本章采用四阶龙格库塔对除尘器中 A、B 两个极限位置微分方程的数值求解，并分析逆喷参数对雾滴运动轨迹的影响。

（a）雾滴直径对运动轨迹的影响

当除尘器风速为 8 m/s、喷雾速度为 20 m/s、喷雾张角为 110°、喷嘴水平布置、喷嘴距过滤网距离为 200 mm 时。雾滴直径对运动轨迹的影响如图 4-52 所示，雾滴飞行时间和极限运动位置如表 4-11 所示。

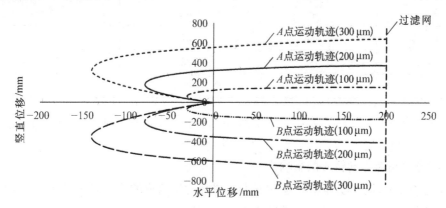

图 4-52　雾滴直径对运动轨迹的影响

表 4-11　雾滴极限运动位置

雾滴直径 /μm	飞行时间 /s	A 点最大竖直 位移量/mm	B 点最大竖直 位移量/mm
100	0.048	157	−165
200	0.082	392	−420
300	0.121	652	−717

由以上结果可知,当喷雾粒径越大时,水雾撞击到过滤网上的面积越大,但是喷雾粒径过大可能会导致雾滴在返回到过滤网之前撞击到除尘器内壁上而无法润湿过滤网,从而影响混合捕尘区的除尘效率,所以在优化喷嘴直径时也应该考虑除尘器内壁的限制。

(b) 喷雾速度对运动轨迹的影响

在以上条件下,设置雾滴直径为 200 μm,研究喷雾速度对运动轨迹的影响,如图 4-53 所示,雾滴飞行时间和极限运动位置如表 4-12 所示。

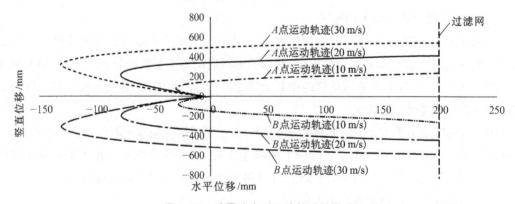

图 4-53　喷雾速度对运动轨迹的影响

表 4-12　雾滴极限运动位置

喷雾速度 /(m·s⁻¹)	飞行时间 /s	A 点最大竖直位移量 /mm	B 点最大竖直位移量 /mm
10	0.068	227	−250
20	0.082	392	−420
30	0.093	522	−555

由以上结果可知,喷雾速度越大,水雾撞击到过滤网上的面积越大。但同时也应该考虑除尘器内壁的限制。

(c) 喷雾张角对运动轨迹的影响

在以上条件下,设置喷雾速度为 20 m/s。研究常用喷嘴的喷雾张角对运动轨迹的影响,如图 4-54 所示,雾滴飞行时间和极限运动位置如表 4-13 所示。

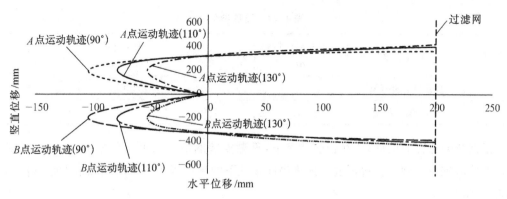

图 4-54 喷雾角度对运动轨迹的影响

表 4-13 雾滴极限运动位置

喷雾张角 /°	飞行时间 /s	A 点最大竖直位移量 /mm	B 点最大竖位移量 /mm
90	0.087	361	−394
110	0.082	392	−420
130	0.075	410	−433

由以上结果可知,喷雾张角为 90～120°的喷嘴,其喷雾越大,水雾撞击到过滤网上的面积越大,但是喷雾张角对运动轨迹影响较小。

(d) 喷嘴水平角度对运动轨迹的影响

由以上雾滴运动轨迹可知,由于重力的影响,喷雾雾滴覆盖面整体向下偏移。因此,当喷嘴和水平方向成一定夹角 β 时,水雾能更均匀地润湿过滤网,此时 $y_A = y_B$。在以上条件下,计算得到雾滴直径为 200 μm,喷雾速度为 20 m/s,喷雾夹角为 110°时,水平夹角 $\beta = 4°$ 为最优值。

④ 试验结果分析

在如图 4-55 所示的湿式除尘器试验平台中,分别对两种典型的实心锥形喷嘴(如表 4-14 所示)在 0.5 MPa 压力下进行顺喷和逆喷对比试验,测试其除尘效率。此试验平台的主要参数:风速为 8 m/s、喷嘴距过滤网的距离为 200 mm、喷嘴距除尘器上下内表面的距离为 200 mm。

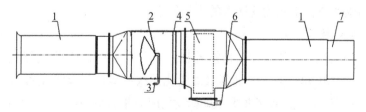

1—测试管道;2—喷嘴;3—进水口;4—过滤组合网;5—脱水器;6—出水口;7—风机

图 4-55 湿式除尘器试验平台

表 4-14　喷嘴参数

喷嘴序号	喷嘴型号	索尔太平均粒径/μm	喷雾张角/°	喷雾速度/(m·s⁻¹)	水量/(L·min⁻¹)
1	BB1/4-SS10W	180	110	15	7.8
2	实心螺旋喷嘴	260	110	16	7.5

根据微分方程数值计算,在当前状态下,喷嘴安装的最优水平夹角为 5°,此时水雾能更均匀地撞击到过滤网上。根据公式计算当前条件下两种喷嘴的飞行时间和最大竖直位移量如表 4-15 所示。

表 4-15　雾滴极限运动位置

喷嘴序号	飞行时间/s	A 点极限位移量/mm	B 点极限位移量/mm
1	0.066	284	−281
2	0.092	321	−330

利用该试验平台,参照 MT-159 标准方法分别测试两种喷嘴在顺喷和逆喷状态下的除尘效率如表 4-16 所示。

表 4-16　除尘效率　　　　　　　　　　　　　　　　　　单位:%

喷嘴序号	顺喷		逆喷	
	总除尘效率	呼吸性粉尘除尘效率	总除尘效率	呼吸性粉尘除尘效率
1	99.2	92.3	99.8	95.1
2	98.6	89.7	98.7	91.1

由以上试验结果可以看出,两个喷嘴在逆喷除尘时除尘效率都要高于顺喷除尘。由上面分析可知,这是由于在逆喷时喷雾捕尘区的除尘效率要高于顺喷。而在混合降尘区两个喷嘴逆喷时的雾滴都能完全覆盖过滤网,此时的捕尘效率也较高。其中 1 号喷嘴的除尘效率要高于 2 号喷嘴,并且 1 号喷嘴逆喷时的除尘效率要明显高于顺喷,特别是其对呼吸性粉尘的除尘效果更好。由上面运动轨迹方程可以看出,这是由于两个喷嘴所喷雾滴都能完全覆盖过滤网,但是,由于除尘器内腔尺寸的限制,1 号喷嘴大部分水雾都能撞击到过滤网上,但是 2 号喷嘴所喷水雾撞击到过滤网上的水量较小。

(4) 过滤网防堵技术研究

分别使用不同类型的过滤单元在初始风速为 7.8 m/s 的情况下,连续发尘 1 h 左右,发尘浓度为 2 000~3 000 mg/m³。记录其阻力变化曲线并观察其堵塞情况。经测试,30 mm 厚丝网前端安装单层 60 目过滤网并采用煤粉发尘时效果较好,在发尘过程中除尘器阻力增加了 40 Pa,并且保持稳定,丝网并没有出现完全堵塞情况。由此可知,在煤粉粉尘环境中除尘器更不容易堵塞。

30 mm 厚度丝网前端安装过滤网,并采用煤粉发尘,测试记录其阻力变化曲线,如图 4-56 所示。

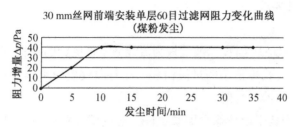

图 4-56　过滤单元阻力变化曲线(30 mm 丝网、煤粉发尘)

发尘结束后取出过滤单元观察其堵塞情况如图 4-57 所示。

① 实验室验证

计算得出波纹板最高临界风速为 5.5 m/s。利用湿式除尘器试验平台(如图 4-55 所示),单独安装波纹板,调整除尘器风量,并观察波纹板脱水情况。经过测试,发现风速高于 5.6 m/s 或低于 2.8 m/s 时波纹板脱水情况变差,因此波纹板的最高临界风速为 5.6 m/s,最低临界风速为 2.8 m/s,和计算结果比较吻合。

(a) 压降 Δp 的计算

由于除尘器系统设备多,运行耗电量大,因此在满足除雾器除雾要求的情况下,含尘气流经除雾器时的压降越小越好。目前常用计算最大临界风速下波纹板压降的方法如式 4-33 所示:

图 4-57　高效脱水技术研究

$$\Delta p = C \cdot t \cdot (\rho_d - \rho_g) \cdot K^2 \tag{4-33}$$

式中:C 为波纹板结构系数,$C=10$;t 为波纹板厚度,mm;由式 4-33 计算此波纹板结构的阻力为 200 Pa。

经试验平台测试,波纹板阻力随风速的变化曲线如图 4-58 所示,其最大临界风速时的阻力为 210 Pa,和计算结果比较吻合。

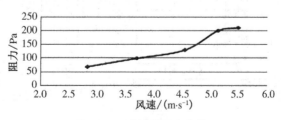

图 4-58　波纹板阻力变化

（b）脱水效率测试

在试验平台中，安装过滤网，并进行喷雾。此时测得波纹板在最高临界风速下的脱水效率为98.5%，满足设计要求。

② 波纹板设计

通过以上计算及试验研究，设计波纹板为流线型不带倒钩的结构，且根据波纹板最大临界风速（5.6 m/s）设计波纹板最小的过风面积。此时波纹板脱水具有较高的脱水效率和较小的阻力，可以提高除尘器的性能。

将此波纹板装置安装于设计除尘器脱水段。通过试验对比两种脱水结构的性能参数，如表4-17所示。

表4-17 脱水结构性能对比

序号	对比项	旋流脱水	波纹板脱水
1	长度	2.5 m	0.35 m
2	脱水段尺寸	φ960 mm	1 236 mm×1 076 mm
3	脱水段风速	14 m/s	5.6 m/s
4	段阻力	900 Pa	230 Pa
5	重量	1 000 kg	300 kg
6	脱水效率	92.6%	98.5%

由试验结果可知，使用波纹板脱水结构可以有效提高湿式除尘器的脱水效率，并减小除尘器整体长度、重量和阻力。

4.2.3 样机设计

KCS-550D-Ⅰ型（暂定命名）矿用湿式除尘器样机由除尘器、对旋风机、消声器等部分组成，如图4-59所示。设计该除尘器使其适用于断面为20~28 m²，掘进坡度小于15°的掘进面。

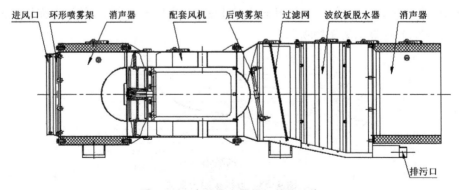

图4-59 高效除尘器样机整体结构

(1) 总体设计参数(表 4-18)

表 4-18　设计参数

序号	技术参数	设计值
1	最大处理风量/(m³·min⁻¹)	550
2	喷雾流量/(L·min⁻¹)	40~80
3	喷雾压力/MPa	0.5
4	总尘除尘效率/%	≥98
5	呼吸性粉尘除尘效率/%	≥95
6	脱水效率/%	≥98
7	工作阻力/Pa	1 800
8	工作噪声/dB(A)	≤85
9	外接风筒/mm	800
10	输入电压/V	660/1 140
11	总额定功率/kW	37

(2) 设计参数

① 喷雾段设计

(a) 喷嘴选型及布置

根据试验平台前期试验,选用顺逆喷同时喷雾降尘,逆喷喷嘴为 BB1/410W 实心锥形喷嘴,顺喷喷嘴为实心螺旋喷嘴时除尘效率较高(如表 4-19 所示),且可以有效缓解丝网堵塞情况。喷嘴参数如表 4-20 所示。

表 4-19　除尘效率

发尘类型	污水浓度	前段粉尘浓度	后端粉尘浓度	总粉尘除尘效率	呼吸性粉尘除尘效率
煤粉	3%	3 529 mg/m³	10.9 mg/m³	99.69%	99.1%

表 4-20　喷嘴参数

喷嘴型号	压力	喷雾角度	流量
BB1/410W	0.5 MPa	110°	7.5 L/min
实心螺旋喷嘴	0.5 MPa	110°	8 L/min

样机选用顺逆喷喷雾,顺逆喷布置位置相同,如图 4-60 所示,此时水雾可以完全覆盖过滤网断面。

此时喷雾流量约为 130~140 L/min,喷雾压力为 0.5 MPa。由于除尘器设计参数喷雾流量为 40～80 L/min,该形式不能满足要求。

中煤科工集团重庆研究院有限公司以前 KCS 系列矿用湿式过滤旋流除尘器喷雾方式为风机前端喷雾。进一步对这种喷雾方式进行试验后得出:喷嘴喷雾雾粒通过风机叶轮发生高速碰撞后,雾粒粒径会减小 60% 左右。由前面所述喷雾捕尘理论可知,该喷雾形式的捕尘效率优于逆喷。在实验平台上相同喷嘴的两种喷雾形式除尘效率对比结果如表 4-21 所示。

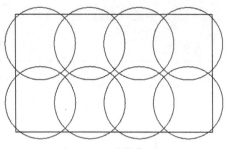

图 4-60　喷雾覆盖图

表 4-21　逆喷和前段喷雾除尘效率对比结果

逆喷		风机前段喷雾	
总除尘效率	呼吸性粉尘除尘效率	总除尘效率	呼吸性粉尘除尘效率
99.8%	95.1%	99.9%	96.8%

由表 4-21 可知,风机前段喷雾对呼吸性粉尘的除尘效率优于逆喷。风机前段喷雾由于叶轮均匀碰撞,使整个通风断面都有雾粒,能大幅减少喷嘴数量,从而使喷雾流量减少。

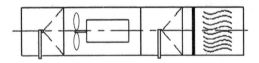

图 4-61　喷雾布置图

因此,样机选用风机前段喷雾与顺喷相结合的方式,喷雾布局形式见图 4-61。此时喷雾流量约为 40～80 L/min,喷雾压力为 0.5 MPa。

(b) 反冲洗布置

经试验平台试验分析,在除尘器使用 2 h 左右系统阻力会上升 200 Pa 左右,此时需要对丝网进行清洗。因此,样机设计时在丝网背面布置 15 个实心螺旋冲洗喷嘴,每个喷嘴的流量在 0.5 MPa 压力下约为 8 L/min 左右,因此喷雾流量约为 120 L/min,每当使用除尘器一个工作班时间,关闭时手动反冲洗 3 min 再关闭喷雾泵。反冲洗布置方式如图 4-62 所示。

② 过滤段设计

(a) 最大出力风量

参照 CFT 除尘器风量(550 m³/min),并结合试验风速、样机尺寸、阻力等多方面综合考虑,设计样机最大处理风量为 550 m³/min。

图 4-62　反冲洗结构

(b) 过滤段风速

在实验平台中,分别测试了风速为 2 m/s、6 m/s、7 m/s、7.8 m/s、8.6 m/s 时风速对除尘效率及阻力的影响。试验中过滤单元为 30 mm 厚丝网,前端安装 60 目过滤网采用顺逆喷形式,发尘类型为 3000 目滑石粉。测试结果如表 4-22 所示。

表 4-22　过滤风速对除尘效率的影响

测试风速/(m·s⁻¹)	除尘效率/%	阻力/Pa
2	53	650
6	98.3	1 230
7	99	1 370
7.8	98.7	1 570
8.6	98.6	1 730

分析以上结果可知,由于发尘选用 3 000 目滑石粉,粉尘粒度较小,当过滤段风速大于 6 m/s 时,实验系统除尘效率能满足设计要求。但是,当风速小时除尘器体积会增大,而风速较大时,会影响脱水段脱水效果且阻力较大,因此,参照 CFT 除尘器,最终选择设计风速为 8 m/s。

（c）过滤段断面

$$S = \frac{Q}{v} = 1.15 \text{ m}^2 \tag{4-34}$$

由以上设计参数可知,喷雾过滤断面面积 S 为 1.15 m²。

根据现场布置需要,控制除尘器尺寸,设计样机断面尺寸为宽 1.24 m,高 0.96 m。

（d）过滤单元结构

由试验平台试验结果分析,将丝网厚度减少至 30 mm 并在前端安装单层 60 目过滤网时,试验系统阻力上升比只布置丝网时慢,且除尘效率能满足设计要求。因此设计样机时喷雾选用此种过滤结构。

③ 脱水段设计

在试验平台中,针对结构为 3 道弯折、不带倒刺且间距为 20 mm 的波纹板进行测试。试验过程中,将除尘器过滤单元去掉,单独测试波纹板,并观察波纹板脱水情况。经过测试,波纹板风速高于 5.5 m/s 或低于 2.8 m/s 时脱水情况变差,因此波纹板的临界风速为 5.5 m/s 和 2.8 m/s,此时波纹板的阻力分别为 210 Pa 和 70 Pa。

分析以上测试结果可知,为减小样机尺寸,选择波纹板的最高临界风速 5.5 m/s 为样机的脱水段风速设计参数。

$$S_1 = \frac{550/60}{5.5} = 1.7 \text{ m}^2 \tag{4-35}$$

此时脱水断面 S_1 为 1.7 m²,由于脱水段宽度与过滤段相同,所以计算样机脱水段尺寸为：1 240 mm×1 370 mm(宽×高)。

参考试验平台波纹板参数,采用不带倒钩形式。波纹板结构见图 4-63。

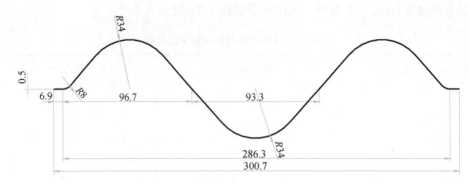

图 4-63　波纹板结构(单位: mm)

④ 叶轮设计

除尘风机是湿式除尘器的动力核心,针对配套风机叶轮设计、制造工艺、风机结构设计进行了研究,以提高 KCS 系列除尘器的负压能力、可靠性以及优化结构。其性能曲线如图 4-64 所示。

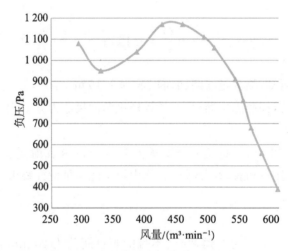

图 4-64　除尘器配套对旋风机性能曲线

4.2.4　制造工艺

KCS-550D-Ⅰ型矿用湿式除尘器主要由除尘器壳体、循环水箱、脱水器、控制箱及对旋风机组成,制造工艺中通用工艺比重大,主要涉及车、磨、钻等金属加工工艺和焊接、钣金及机械装配工艺。

在 KCS-550D-Ⅰ型矿用湿式除尘器的加工工艺中,加工件的可加工性、焊接件的可焊性、零部件的可装配性是可行的。高效除尘系统图纸符合完整性要求,技术文件、资料齐全,达到标准要求,能够正确地指导和组织生产。样机制造完成后,经外观检查、实验室试验、性能测试,发现样机质量达到了设计要求,可以组织生产。加工后样机照片如图 4-65 所示。

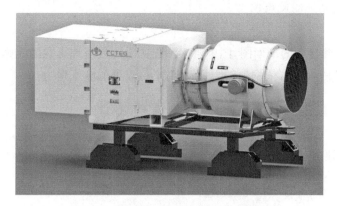

图 4-65　高效湿式除尘器样机性能测试

为了检验 KCS-550D-Ⅰ型矿用湿式除尘器的主要技术参数是否达到设计要求,样机加工完成后,按 MT/T 159—2019《矿用除尘器通用技术条件》测试了样机的处理风量、工作阻力、除尘效率、脱水效率、工作噪声等内容,测试结果如表 4-23 所示。测试结果表明,设计样机性能符合设计要求。

表 4-23　除尘器样机性能测试结果

序号	技术参数	设计值	实测值
1	最大处理风量/(m³·min⁻¹)	550	540.2
2	总尘除尘效率/%	≥98	99.0
3	呼吸性粉尘除尘效率/%	≥95	95.8
4	脱水效率/%	≥98	98.4
5	工作阻力/Pa	1 800	1 840
6	工作噪声/dB(A)	≤85	84.6

4.3　综掘面风流自动调控技术

4.3.1　压风风量在线监测的试验研究

（1）供风风量测量方法的选择

供风风量的监测设备,应尽量轻巧,方便移动,并应能适应含尘气流的测量。标准的测量方法不能满足掘进面供风风量测量的需要,均速管流量计具有压损小,测量精度较小,安装、拆卸方便,成本适中等特点,压入供风风量的测量优先选用基于伯努力方程的均速管流量计。

（2）均速管流量计测风原理

① 测速管

图 4-66 为某测速管的剖面图，图中管 1 测出的是不受流速影响的流体动压强 p_0，而管 2 测得的是流体总压强 p_A，依据伯努力方程可得 A 点处的驻压强为：

$$\frac{p_A - p_0}{\gamma} = \frac{u_A^2}{2g} \tag{4-36}$$

则 A 点的流速为：

$$u_A = \sqrt{2g \frac{p_A - p_0}{\gamma}} \tag{4-37}$$

实际上由于测速管在流体中会引起微小阻力，使得测出的压强差不能真正反映实际结果，常在式 4-36 中乘以校正系数 c，式（4-37）变成

$$u_A = c\sqrt{2g \frac{p_A - p_0}{\gamma}} \tag{4-38}$$

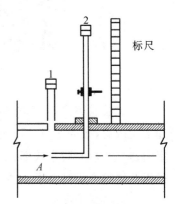

图 4-66　测速管示意图

c 值一般由实验确定。

② 速度面积法

理论上通过以上方法测得了流体的速度后，再乘以流体的过流面积即可得到流体通过截面的流量。均速管流量计即是应用此原理的一种流量测试方法。

鉴于实际流体速度在截面上分布的非均匀性，为了获得更准确的流量数据，在测试截面一般要布置多个测点并将所有测得的流速取平均。如国标 GB/T 10178—2006《工业通风机现场性能试验》中规定应用均速管的方法测量管道内流量时，测杆不少于 3 根，每根测杆上的测点不少于 8 个，测杆上孔的分布应按切贝切夫法或线性法计算得出。均速管结构如图 4-67 所示。

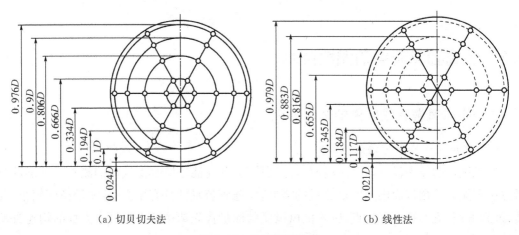

（a）切贝切夫法　　　　　　　　　（b）线性法

图 4-67　均速管结构图

依据国标《工业通风机现场试验要示》的规定,测试管的外径不应超过风道直径的1/48。总压力孔的直径不小于1 mm。

同时行业标准《均速管流量传感器》中规定：对于满足以上条件的均速管流量计用于不可压缩气体时,其流量计算公式为：

$$Q = \frac{\alpha\pi}{4}D^2\left(2\frac{\Delta p}{\rho_1}\right)^{1/2} \tag{4-39}$$

式中：Q 为体积流量,m^3/s；D 为管道内径,m；Δp 为输出差压,Pa；ρ_1 为流体密度,kg/m^3；α 为流量系数,由实验标定确定。

对于某一均速管流量计,其流量系数 α 一般为一定值。但是对于不同的流量计,流量系数会有一定的差别。因此,为了得到实验用的均速管流量计流量的计算公式,首先要通过实验的方法测量该流量计的流量系数。

按照国标 GB/T 1236—2017 及机械行业标准 JB/T 5325—91 的要求布置风量测试系统如图4-68所示。

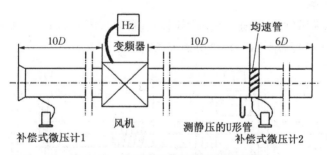

图4-68　均速管流量系数测试系统图

试验环境参数如表4-24所示。

表4-24　试验条件

管道内径/mm	温度/℃	大气压/kPa	空气密度/(kg·m⁻³)
600	11.0	98.1	1.203

依据《均速管流量传感器》的规定,在风量分别为 $0.35Q_{max}$、$0.6Q_{max}$ 及 $0.9Q_{max}$ 的条件下进行三次独立测试,取流量系数的平均值而得到均速管流量计的流量系数。设定该流量计的最大流量为550 m^3/min,试验数据如表4-25所示。从表4-25可以看出,该均速管的流量系数应取为0.780。

（3）前后直管段长度对测量精度的影响

通过标准的试验方法可以得到均速管的流量系数,但是试验条件与现场应用的最大差别是：现场直管段长度明显不够。为了使用方便,均速管前后直管段的长度应尽可能短。因此,将均速管流量计应用于掘进面供风端风量测量的关键问题是前后直管段的长度变化对流量计流量系数的可靠性及稳定性的影响。

表 4-25　试验均速管的流量系数

序号	设计风量/(m³·min⁻¹) 设计	设计风量/(m³·min⁻¹) 值	实际风量/(m³·min⁻¹)	流量计理论风量 相对静压/Pa	流量计理论风量 差压/Pa	流量计理论风量 风量/(m³·min⁻¹)	流量计理论风量 α_{ij}	流量系数 α_i	流量系数 α
1	$0.35Q_{max}$	192	172.8	50	105.00	224.0	0.771	0.770	
				60	105.80	224.9	0.769		
				60	105.50	224.5	0.770		
2	$0.6Q_{max}$	330	297.5	200	309.00	384.0	0.775	0.779	0.780
				200	308.20	383.5	0.776		
				240	300.70	378.7	0.786		
3	$0.9Q_{max}$	495	446.4	550	671.20	565.0	0.790	0.789	
				550	674.00	566.1	0.788		
				550	673.10	565.8			

① 前直管段影响

模拟掘进正压供风条件,均速管前取不同的直管段长度（2.5D,1D 和 0.5D）,进行试验,试验系统如图 4-69 所示,试验数据如表 4-26 所示。

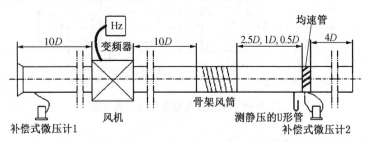

图 4-69　前直管段优化试验系统图

表 4-26　前直管段优化试验数据及流量系数偏差

组	设计风量/(m³·min⁻¹) 设计	设计风量/(m³·min⁻¹) 值	实际风量/(m³·min⁻¹)	流量计理论风量/(m³·min⁻¹)	流量系数 α_{ij}	流量系数 α_i	流量系数 α	流量系数偏差/%
2.5D	$0.35Q_{max}$	192	171.1	225.7	0.758	0.760	0.762	−2.3
				224.1	0.763			
				225.3	0.759			
	$0.6Q_{max}$	330	294.9	384.5	0.767	0.764		
				389.1	0.758			
				383.8	0.768			
	$0.9Q_{max}$	495	444.3	583.3	0.762	0.762		
				582.5	0.763			
				583.0	0.762			

续表

组	设计风量 /(m³·min⁻¹)		实际风量 /(m³·min⁻¹)	流量计理论风量 /(m³·min⁻¹)	流量系数			流量系数偏差/%
	设计	值			α_{ij}	α_i	α	
1D	0.35Q_{max}	192	174.9	234.7	0.745	0.745	0.753	−3.46
				235.3	0.744			
				234.7	0.745			
	0.6Q_{max}	330	298.6	395.3	0.755	0.754		
				396.1	0.754			
				395.9	0.754			
	0.9Q_{max}	495	451.5	592.7	0.762	0.761		
				593.3	0.761			
				593.4	0.761			
0.5D	0.35Q_{max}	192	172.2	237.9	0.724	0.724	0.726	−6.9
				237.1	0.726			
				238.6	0.722			
	0.6Q_{max}	330	296.3	406.2	0.730	0.728		
				405.2	0.731			
				409.5	0.724			
	0.9Q_{max}	495	446.9	612.6	0.729	0.728		
				614.2	0.728			
				614.4	0.727			

从以上试验数据表可以看出,前直管段长度在 1D 及以上时,其流量系数的误差相对于完全标准状态的误差在 3.5% 以内。

另外,本试验采用骨架风筒进行试验,在实际情况下供风应为软风筒,其相对于骨架风筒来说扰流影响要简单。因此本试验所得到的数据较为保守,将其应用于实际情况时可信度较高。

② 后直管段影响

为了充分模拟后直管段长度对流量系数的影响,设计了阻流面积达 50%,且对流场扰流较强的扰流件,其形状如图 4-70 所示。数值模拟结论表明,其对流场的影响程度较 S 形弯头和直角弯头均要复杂。

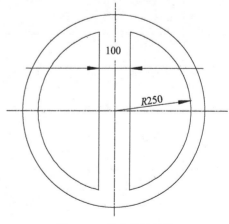

图 4-70　复合扰流结构

根据表 4-27 可以看出在条件恶劣且后直管段缩短至 $1D$ 的情况下最大误差约为 2%，其影响程度相对于前直管段来说要小得多，因此可以认为：后直管段长度的改变对均速管风量测量的准确度影响不大，为了使结构轻便，后直管段可尽量缩短(图 4-71)。

表 4-27　后直管段优化试验数据及流量系数偏差

扰流位置	设计风量/(m³·min⁻¹)		实际风量/(m³·min⁻¹)	流量计理论风量/(m³·min⁻¹)	流量系数			流量系数偏差/%
	设计	值			α_{ij}	α_i	α	
后 4D	0.35Q_{max}	192	203.6	261.2	0.779	0.778	0.779	−0.128
				262.6	0.775			
				261.4	0.779			
	0.6Q_{max}	330	342.6	438.9	0.780	0.780		
				441.0	0.777			
				438.3	0.782			
	0.9Q_{max}	495	507.4	649.2	0.782	0.780		
				650.5	0.780			
				650.7	0.780			
后 3D	0.35Q_{max}	192	206.0	266.2	0.774	0.777	0.778	−0.256
				264.4	0.779			
				264.6	0.778			
	0.6Q_{max}	330	346.0	447.6	0.773	0.776		
				445.5	0.777			
				445.1	0.777			
	0.9Q_{max}	495	516.6	661.7	0.781	0.780		
				661.9	0.781			
				662.2	0.780			
后 2D	0.35Q_{max}	192	203.1	269.2	0.755	0.757	0.766	−1.79
				267.9	0.758			
				267.9	0.758			
	0.6Q_{max}	330	348.4	452.8	0.769	0.769		
				452.4	0.770			
				453.5	0.768			
后 2D	0.9Q_{max}	495	522.9	673.7	0.776	0.776	0.766	−1.79
				674.4	0.775			
				674.4	0.775			

扰流位置	设计风量 /(m³·min⁻¹)		实际风量 /(m³·min⁻¹)	流量计理论风量 /(m³·min⁻¹)	流量系数			流量系数偏差 /%
	设计	值			α_{ij}	α_i	α	
后 1D	$0.35Q_{max}$	192	203.0	268.1	0.757	0.757	0.765	−1.92
				268.2	0.757			
				268.1	0.757			
	$0.6Q_{max}$	330	347.9	452.6	0.769	0.769		
				452.8	0.768			
				452.7	0.769			
	$0.9Q_{max}$	495	521.2	676.3	0.771	0.773		
				673.7	0.774			
				671.5	0.776			

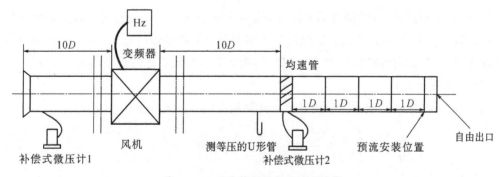

图 4-71　后直管段优化试验系统图

在实际应用时,均速管后一般为软风筒,为了保守地得到此条件下的流量系数,取后直管段长度为 0.5D,后接骨架风筒并倾斜布置,如图 4-72 所示。其测量数据如表 4-28 所示。

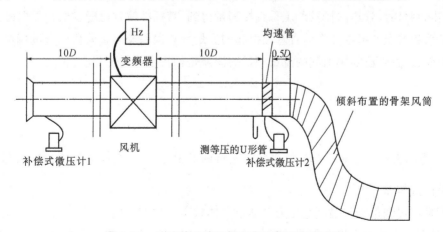

图 4-72　均速管后接倾斜布置的骨架风筒试验

表 4-28　骨架风筒倾斜布置试验数据及流量系数偏差

扰流情况	设计风量 /(m³·min⁻¹)		实际风量 /(m³·min⁻¹)	流量计理论风量 /(m³·min⁻¹)	流量系数			流量系数偏差/%
	设计	值			α_{ij}	α_i	α	
后0.5D，加骨架风筒，倾斜布置	$0.35Q_{max}$	203	203.5	267.8	0.760	0.758	0.767	−1.66
				271.2	0.750			
				266.8	0.763			
	$0.6Q_{max}$	348	348.5	452.1	0.771	0.770		
				452.8	0.770			
				453.4	0.769			
	$0.9Q_{max}$	522	523.4	672.5	0.778	0.777		
				674.1	0.776			
				674.3	0.776			

从表 4-28 可以看出，后接骨架风筒对流量系数的影响比以上复合扰流对流量系数的影响要小；当取 0.5D 的直管段且骨架风筒倾斜布置时产生的误差约为 1.66%，因此可以认为在实际使用时，当后直管段长度大于 0.5D 后，由于后直管段引起的误差约为 1.5%。

（4）测量误差分析

由《均速管流量传感器》可知，质量流量计测量误差计算式如下：

$$\frac{\sigma_q}{q} = \pm\left[\left(\frac{\sigma_\alpha}{\alpha}\right)^2 + 4\left(\frac{\sigma_D}{D}\right)^2 + \frac{1}{4}\left(\frac{\sigma_{\Delta p}}{\Delta p}\right)^2 + \frac{1}{4}\left(\frac{\sigma_\rho}{\rho}\right)^2\right]^{\frac{1}{2}} \tag{4-40}$$

式中：$\frac{\sigma_q}{q}$ 为质量流量相对标准偏差；$\frac{\sigma_D}{D}$ 为管道内径相对标准偏差；$\frac{\sigma_{\Delta p}}{\Delta p}$ 为差压的相对标准偏差；$\frac{\sigma_\alpha}{\alpha}$ 为流量系数相对标准偏差；$\frac{\sigma_\rho}{\rho}$ 为密度的相对标准偏差。

在实际测量时，管道内径及差压是直接测量得到，其标准偏差可通过试验数据得出。

流量系数的误差可以分为前直管段引起的流量系数误差及后直管段引起的影响系数误差。由于前、后直管段缩短引起的流量测量的误差是相互独立的，因此有：

$$\frac{\sigma_\alpha}{\alpha} = \sqrt{\left(\frac{\sigma_{\alpha_h}}{\alpha_h}\right)^2 + \left(\frac{\sigma_{\alpha_e}}{\alpha_e}\right)^2} \tag{4-41}$$

式中：$\frac{\sigma_{\alpha_h}}{\alpha_h}$ 为前直管段缩短引起流量系数的相对标准偏差；$\frac{\sigma_{\alpha_e}}{\alpha_e}$ 为前直管段缩短引起流量系数的相对标准偏差。

密度是通过测量空气温度与压力并通过气体状态方程求得的。因此密度是间接测量的物理量，其误差大小受温度及气压测量的误差大小的影响。根据热力学的气体状态方程，密度与温度及气压的关系如下：

$$\rho = \frac{p}{RT} \tag{4-42}$$

式中：R 为气体常数，对于空气 $R = 287.06\ \mathrm{J/(kg \cdot K)}$；$p$ 为压强，Pa；T 为绝对温度，K。

由于 R 为常数，不会产生误差。可设某一次测量时 T、p 的标准偏差分别为 σ_T、σ_p，则由误差均方根合成法则可知，密度的标准偏差为：

$$\sigma_\rho^2 = \left(\frac{\partial \rho}{\partial p} \sigma_p \right)^2 + \left(\frac{\partial \rho}{\partial T} \sigma_T \right)^2 = \left(\frac{1}{RT} \sigma_p \right)^2 + \left(\frac{p}{RT^2} \sigma_T \right)^2 \tag{4-43}$$

因此密度的相对误差为：

$$\frac{\sigma_\rho^2}{\rho^2} = \frac{\left(\frac{1}{RT} \sigma_p \right)^2 + \left(\frac{p}{RT^2} \sigma_T \right)^2}{\left(\frac{p}{RT} \right)^2} = \left(\frac{\sigma_p}{p} \right)^2 + \left(\frac{\sigma_T}{T} \right)^2 \tag{4-44}$$

将式(4-43)代入式(4-44)可得：

$$\frac{\sigma_q}{q} = \pm \left[\left(\frac{\sigma_{\alpha_h}}{\alpha_h} \right)^2 + \left(\frac{\sigma_{\alpha_e}}{\alpha_e} \right)^2 + 4\left(\frac{\sigma_D}{D} \right)^2 + \frac{1}{4}\left(\frac{\sigma_{\Delta P}}{\Delta P} \right)^2 + \frac{1}{4}\left(\frac{\sigma_p}{p} \right)^2 + \frac{1}{4}\left(\frac{\sigma_T}{T} \right)^2 \right]^{\frac{1}{2}} \tag{4-45}$$

根据前面所述：

当前直管段缩短 $1D$ 时，引起的流量系数相对误差约为 3.5%；

当后直管段缩短 $0.5D$ 时，引起的流量系数相对误差约为 1.5%；

差压变送器有摆动状态下输出的差压相对误差约为 6%；

试验用的空盒气压计标定的温度的测量的最大误差 1%，压力测量的最大误差为 1%；

管道内径由卷尺测量，测量误差一般小于 0.5%。

综上，满足以上参数的均速管测量装置应用于掘进面供风的风量测量时，其合成最大总相对误差为：

$$\frac{\sigma_q}{q} = \pm \left[(3.5\%)^2 + (1.5\%)^2 + 4 \times (0.5\%)^2 + \frac{1}{4} \times (6\%)^2 + \frac{1}{4} \times (1\%)^2 + \frac{1}{4} \times (1\%)^2 \right]^{\frac{1}{2}}$$

$$= \pm 5.0\%$$

$$\tag{4-46}$$

即将满足以上条件的均速管流量计就用于掘进通风的供风风量测量时，其测量总误差约为 5%，满足掘进面风量配比决策的精度要求。

(5) 压风风量测量装置的设计

① 差压、温度、压力变送器的选型

风量的计算公式如下：

$$Q = \frac{\alpha \pi}{4} D^2 \left(2\frac{\Delta p}{\rho_1} \right)^{1/2} \tag{4-47}$$

因此,均速管所测得的差压为:

$$\Delta P = 8\rho_1 \left(\frac{Q}{\alpha \pi D^2} \right)^2 \qquad (4-48)$$

依据试验数据知,流量系数可取 0.7,ρ_1 取 1.22,当 D 取 0.6,风量为较大值 600 m³/min 时,Δp 约 1 557 Pa;当 D 取 0.8,风量取为 1 000 m³/min 时,Δp 约为 1 369 Pa。

查阅安标国家矿用产品安全标志中心网站,可选用型号为 GPD0.01K(A)的矿用隔爆型差压变送器,其最大量程为 1 600 Pa,可以满足极限风量条件下的测量要求。

同时,温度变送器与压力变送器选用与差压变送器同系列的 BWD200 矿用隔爆型温度变送器及 BYD1.6 矿用隔爆型压力变送器,以方便程序及监控装置的统一设计。

② 结构设计

根据所选用的差压变送器、温度变送器及压力变送器安装要求,设计了压风风量测量装置。其主要结构由风筒及传感器安装区组成。由于差压变送器输出值与其相对于铅锤的位置有关,因此差压变送器选择悬挂安装。为了尽可能减轻重量,除了前后直管段分别取为 1D 及 0.5D 外,压风风量测量装置的壁厚取 3 mm。其结构如图 4-73 所示。

图 4-73　横截面流量计实物图

4.3.2　除尘器风量实时监控方法的研究

(1)基于功率监测的除尘器风量的可行性分析

由于除尘器抽出的风流中含有水、雾、尘等杂质,且空间有限,因此几乎所有的依赖于插入风量中的风量测量传感器的应用都受到了限制。由风机的比例定律及相关理论可知风机的功率 N 与频率 f 成三次方关系,同时也受通风阻力 R 的影响,用数学表示为:

$$N = F(f, R) \qquad (4-49)$$

同理,风机的通过风量 Q 与频率 f 成正比关系,同时也受通风阻力 R 的影响,其关系用数学表示为:

$$Q = F(f, R) \tag{4-50}$$

联立式(4-49)、式(4-50),消去两式中的风阻 R 可得:

$$F(N, f, Q) = 0 \tag{4-51}$$

在某些特定的区间内,若式(4-51)可化简为

$$Q = F(f, N) \tag{4-52}$$

则表示风机的频率 f、功率 N 与风量 Q 具有一一对应关系,即可依据风机运行的频率 f、功率 N 推算出通过风机的风量 Q。

结合本章风量的控制是通过变频器改变风机的频率来实现的,风机的频率与功率都可从变频器上得到,因此提出一种基于功率监测的除尘器风量监测方法。

该方法可不依赖于插入风流中的各个传感器,且也不需要前后直管段,可以满足掘进面除尘器抽风风量的监测需求。

(2) 风量测算的理论推导与实际应用的简化处理

① 风量测算公式的推导

根据通风机的相似条件,得出通风机的比例定律为

$$\frac{H_{通1}}{H_{通2}} = \frac{\rho_1}{\rho_2}\left(\frac{n_1}{n_2}\right)^2\left(\frac{D_1}{D_2}\right)^2 \tag{4-53}$$

$$\frac{Q_{通1}}{Q_{通2}} = \frac{n_1}{n_2}\left(\frac{D_1}{D_2}\right)^3 \tag{4-54}$$

$$\frac{N_1}{N_2} = \frac{\rho_1}{\rho_2}\left(\frac{n_1}{n_2}\right)^3\left(\frac{D_1}{D_2}\right)^5 \tag{4-55}$$

由以上比例定律可知,若忽略气体密度的变化,同一风机在同一风阻时有:

$$\frac{Q_{通1}}{Q_{通2}} = \frac{n_1}{n_2} \tag{4-56}$$

$$\frac{N_1}{N_2} = \frac{\rho_1}{\rho_2}\left(\frac{n_1}{n_2}\right)^3 \tag{4-57}$$

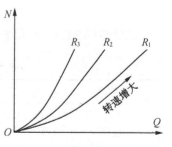

图 4-74　风阻不变时功率-风量关系示意图

由式(4-56)和式(4-57)可知,在风阻 R 不变时,功率 N 与风量 Q 的关系为过原点的三次方关系。在几个不同风阻时 $(R_1 < R_2 < R_3)$ 功率-风量 $(N-Q)$ 关系示意图如图 4-74 所示,随着转数的增大,风量与功率均增大。

$$N_{n_2 R1} = \frac{n_2^3}{n_1^3}N_{n_1 R1}\ ;\quad N_{n_2 R2} = \frac{n_2^3}{n_1^3}N_{n_1 R2}\ ;\quad N_{n_2 R3} = \frac{n_2^3}{n_1^3}N_{n_1 R3} \tag{4-58}$$

$$Q_{n_2 R1} = \frac{n_2}{n_1}Q_{n_1 R1}\ ;\quad Q_{n_2 R2} = \frac{n_2}{n_1}Q_{n_1 R2}\ ;\quad Q_{n_2 R3} = \frac{n_2}{n_1}Q_{n_1 R3} \tag{4-59}$$

依据以上两式,可得到转速为 n_2 时,在风阻为 R_1、R_2 及 R_3 时的功率及相应的风量(图 4-75)。

若风阻个数较多,则可认为得到了转速为 n_2 时的功率—风量关系曲线(图 4-76),再依据监测的功率即可得到即时通过风机的风量。

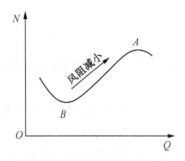

图 4-75　额定转速下功率与风量的关系示意图　　图 4-76　功率、风量转速关系示意图

② 实际应用的简化

同一风机在风阻不变时:功率与转速的三次方成正比,风量则与转速成正比。而对于同一风机,其转速与变频器输出频率 f 成正比,因此可设

$$N = af^3 \tag{4-60}$$

$$Q = kf \tag{4-61}$$

式中:a、k 均为常数,其仅与风机运行时所处的风阻有关;f 为风机实际的运行频率。

实际情况往往会有所差别,为了更精确地计算,在实际应用时设

$$Q = Af + B \tag{4-62}$$

$$N = bf^3 + cf^2 + df + e \tag{4-63}$$

试验测得 KCS 550 除尘器在不同风阻系数条件时功率与频率拟合式,如表 4-29 所示。

表 4-29　KCS550 不同风阻下功率-频率关系式

风阻序号	功率-频率关系式	拟合度
1	$N = 0.000\,2\,f^3 + 0.008\,9\,f^2 - 0.344\,1f + 4.777\,2$	1
2	$N = 0.000\,2\,f^3 + 0.006\,4\,f^2 - 0.218\,3\,f + 2.490\,3$	1
3	$N = 0.000\,6\,f^3 - 0.042\,1\,f^2 + 1.655\,2\,f - 21.036$	0.999\,7
4	$N = 0.000\,08\,f^3 + 0.016\,5\,f^2 - 0.669\,7\,f + 9.118\,7$	1

从表 4-29 可知,三次曲线的拟合精度很高。但由于三次方的关系含有四个常数,且第一个系数常常很小,不利于现场计算及应用。为此,比较了二次拟合与三次拟合的计算精度,如表 4-30 所示。

表 4-30　二次拟合与三次拟合精度对比

频率/Hz	实测功率/kW	二次拟合		三次拟合	
		计算功率/kW	误差/%	计算功率/kW	误差/%
50	28.808	28.699 92	0.38	28.924 57	0.40%
45	20.832	21.080 92	1.19	21.008 02	0.84%
40	14.946	14.829 42	0.78	14.900 47	0.30%
35	10.043 2	9.945 42	0.97	10.166 92	1.23%
30	6.362	6.428 92	1.05	6.372 37	0.16%

从表 4-30 的试验数据可知,当系数取五位小数时,二次拟合与三次拟合的平均误差分别为 0.87% 和 0.59%。因此可知:采用二次拟合后虽然平均误差有所增大,但是最大误差并未增大。因此在实际计算时功率与频率的关系可近似按二次关系处理,即设

$$N = C \times f^2 + D \times f + E \tag{4-64}$$

综上,对于某一风阻,若已知在此风阻时 A、B、C、D、E 五个系数。则可以计算出在此风阻时任意频率的功率与风量,并构成 N-Q 曲线上的一个点。而若已知足够多风阻(如 10 个)时的以上系数,则可以得到任意频率下足够多的 N-Q 曲线上的数据点。依据这些数据点,再结合风机即时的运行功率,可以通过线性插值的方法得到即时风机的通过风量。

(3)风量推算方法及流程

由以上原理可知,风量的推算可分两步进行。首先需要对除尘器做测试,并对数据进行分析,得到不同风阻条件下风机功率与频率关系及风量与频率关系的各个系数(以下简称基础数据表)。然后任意条件下风机的通过风量可以通过调用上一步得到的基础数据表并通过固定的算法计算得出。具体流程示意图如图 4-77 所示。

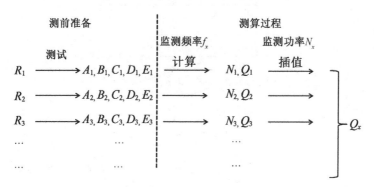

图 4-77　风量推算流程图

建立如图 4-78 所示的试验系统。

确定实际工况风机运行的主要频率段,在此频率段上取 5 个频率(设为 f_1, f_2, f_3, f_4, f_5)。

调节风机运行时的风阻,在每一个测试风阻(设序号为 i,其中 $i=1,2,\cdots,12$)时,分别记录以上频率时风机的功率(设为 $N_{i1},N_{i2},N_{i3},N_{i4},N_{i5}$)及通过风机的风量($Q_{i1},Q_{i2},Q_{i3},Q_{i4},Q_{i5}$)。要求风阻测试序号越大,其对应的功率越大,相应的风阻越小。

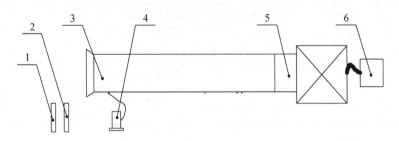

1—气压计;2—温度计;3—测试风筒($\phi600$ mm$\times6\,000$ mm);4—补偿式微压计;5—除尘器;6—变频器及功率仪

图 4-78　风量测试系统示意图

① 基础数据表的计算

基础数据表为一个二维数组,可用 A_{ij} 表示,其中 i 与风阻总个数相对应,$j=1,2,3,4,5$。对于第 i 种风阻情况时:A_{i1},A_{i2},A_{i3} 分别为以 f_1,f_2,f_3,f_4,f_5 为自变量,$N_{i1},N_{i2},N_{i3},N_{i4},N_{i5}$ 为因变量拟合的二次曲线的二次项系数,一次项系数及常数项;A_{i4},A_{i5} 分别为以 f_1,f_2,f_3,f_4,f_5 为自变量,$Q_{i1},Q_{i2},Q_{i3},Q_{i4},Q_{i5}$ 为因变量拟合的一次曲线的一次项系数及常数项。

② 风量推算流程

依据以上计算所得到的基础数据表,可按图 4-79 的流程计算实际条件下通过风机的风量。

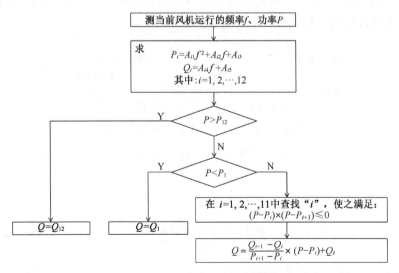

图 4-79　风量测算流程图

4.3.3 除尘器运行状态在线监控装备研究

（1）系统集成方式

风量监控装置由控制箱、压风风量测量装置、甲烷浓度传感器、粉尘浓度传感器等配件组成。为了使各个配件能有机结合成风量监控装置以完成所要求的功能，图 4-80 展示出了本装置的控制煤矿机掘面通风除尘系统安全运行监控装置的电路原理图。

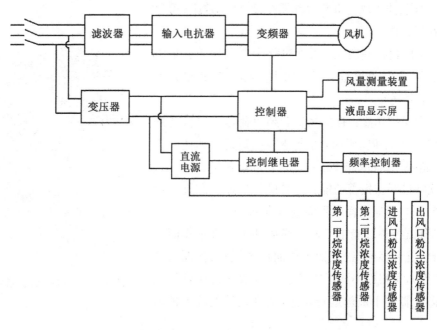

图 4-80　通风除尘系统安全运行监控装置的电路原理图

通过设置在风筒重叠段内的第一甲烷浓度传感器及设置在通风除尘系统内的第二甲烷浓度传感器检测风筒重叠段内和除尘系统内的瓦斯浓度，并将检测到的瓦斯浓度发送给频率控制器。当其中任意一个值超过设定报警值时（提示重叠段可能形成循环风），及时提醒作业人员采取相应措施；当其中任意一个值超过设定断电值时，自动切断通风除尘系统及该监控装置的电源，实现对通风除尘系统及该监控装置的保护。即风量监控装置既可以避免风筒重叠段形成循环风，又对通风除尘系统及监控装置进行保护。

风量监测装置可实时监控除尘器功率、频率，并为除尘器的风量监测、频率调节及除尘器保护提供依据。当除尘器内部过滤网上黏结过多粉尘后，除尘器的阻力将增大，抽风量将减小，除尘器的功率将相应增大。当控制箱监测到除尘器功率增大时，可以判断除尘器阻力增大，实时风量减小，因此可以提高除尘器的频率以保证抽出风量；当功率迅速增大时，为了防止电流过大而烧毁除尘器，控制箱可以进行断电操作，以保护除尘器。

设置在进、出风口的粉尘浓度传感器可实时检测进、出风口处的粉尘浓度，并将检测的粉尘浓度发送给控制箱，当某一值超过设定值时，及时报警，并提醒作业人员采取相应措施。

总的来说，通过进、出风口粉尘浓度传感器、两个瓦斯浓度传感器和控制箱的鉴别控制功能,可完成对粉尘、瓦斯的检测及针对性的保护控制功能;在控制除尘器功率变化的过程中,除尘器风量监控与超功率保护亦可协同完成。

(2)风量监控装置

将以上流程编入 PLC 程序中,由 PLC 控制系统及其控制的变频器构成风量监控装置的主控箱(图 4-81)。该监控装置主控箱具有如下功能:

① 自动监测功能:可实现对工作面供风风量、除尘器处理风量、除尘器功率、除尘器管道内瓦斯浓度、抽压风筒重叠段瓦斯浓度、降尘效率(粉尘浓度)的在线监测。

② 风量配比控制功能:可通过除尘器变频调速来调节供风风量和除尘器风量之间的配比,避免瓦斯积聚并保证良好的降尘效果。

③ 安全保护功能:能在除尘器超负荷运行时自动进行断电保护,在瓦斯超限时(含重叠段瓦斯超限和抽风管道内瓦斯超限)对各电器设备自动进行断电保护。

④ 故障诊断与报警功能:能对设备故障状态进行诊断和报警,用户可通过操作界面进行查询。

该风量监控装置能用于监控煤矿井下掘进工作面除尘器运行状况和多项指标(如工作面供风风量、瓦斯浓度和粉尘浓度),可根据不同压风风量,自动调节除尘器抽风风量,使除尘器处于最佳运行状态,达到最佳的巷道控尘效果。

图 4-81　风量监控装置主控箱

4.3.4　风量监控装置的实验室试验

为了验证 ZTCK 型煤矿机掘面通风除尘系统监控装置的性能指标,对两套样机分别进行了试验测试。

(1)风量监控装置压风风量测量的误差均在 4% 以内,平均误差为 1.602%,小于 5%,能达到了掘进面供风风量测量精度的要求。

(2)该风量监控装置除尘器风量测量误差为 3.02%,小于 5%,达到预期目标。

(3)与风量监控装置连接的除尘器频率能随压风量的变化而自动改变,且抽压比的波动范围在设定的允许误差范围内。该风量监控装置可以保证现场抽压比的稳定。

4.4　小结

(1)本章通过理论分析、数值模拟、实验室模拟测定与现场应用相结合的方法,较为全面和系统地对综掘工作面长压短抽通风除尘技术进行了研究,揭示了综掘工作面通风除尘压抽风流协调机制。

（2）根据空气射流理论，通过理论分析明确了综掘面长压短抽通风除尘系统工作时各部分风量之间的关系。通过附壁风筒，将压风系统的供风分成两部分，其中压入风量 Q_Y 中的一部分 Q_Z 由正面喷出，主要用于稀释工作面瓦斯，$Q_Z \geqslant 100q$；另一部分径向风量 $Q_J(Q_J=Q_{J1}+Q_{J2})$ 从附壁风筒侧面喷出；从侧面喷出的径向风流再分为两部分，一部分为 Q_{J1}，Q_{J1} 满足 Q_Z 的扩张，并被除尘器集尘罩吸走（$Q_X=Q_Z+Q_{J1}$），另一部分 Q_{J2} 沿巷道回流以防止短抽的循环风，Q_{J1} 和 Q_{J2} 均应保证各自重叠段巷道内风速满足最低风速的要求。对综掘面通风除尘空间位置对附壁射流控除尘效果的影响关系进行了理论分析，供风风筒轴向出风口距迎头距离 $L_Z \leqslant \dfrac{\sqrt{2}d}{\alpha}\left(\dfrac{0.096 \cdot v_0}{\bar{v}}-0.147\right)$；抽尘口距工作面越近，系统降尘效果越好。

（3）构建了四个不同巷道断面形状的综掘面通风除尘系统物理模型，采用 ANSYS Fluent 软件，基于 Realizable κ-ε 模型和离散型 DPM 模型，对四个不同断面形状巷道综掘面长压短抽通风除尘系统不同通风工艺参数条件时的除尘效果进行了数值模拟分析，结果表明：

① 附壁风筒长度对于系统降尘效果有较为显著的影响，附壁风筒太长和太短都将导致控尘效果减弱，附壁风筒径向出风口在 5 m 和 8 m 长度时，系统控除尘效果较好；

② 轴向出风距离 L_Z 对系统的降尘效果影响不明显。

③ 控尘距离对系统的降尘效果影响较大；降尘效果并不是单一地随着控尘距离 L_K 的增大或减小而对应变化，而是存在一个最优位置，超过或小于这个位置，则降尘效果发生较为明显的变化。对于矩形巷道，总体来说随着控尘距离的增大，控尘效果也基本随之增大，$L_K \geqslant 4\sqrt{S}$，特别是在 $L_K=5.29\sqrt{S}$ 时综掘面通风除尘效果均较为理想。

④ 随着压抽比的增大，系统降尘效果逐渐降低，当压抽风流比 $B_{YC} \geqslant 1.2$ 时，无法达到理想的降尘效果。

⑤ 当附壁风筒轴向出风量较少即轴径向风量比 B_{ZJ} 较小时，附壁射流对于综掘面粉尘的控制能力较强，系统降尘效果也较好；当 $B_{ZJ}=0.1\sim0.2$ 时，可以取得较好的控除尘效果。

⑥ 通过正交试验分析，得到综掘面通风除尘系统中各因素对系统降尘效率影响显著性的大小顺序为：$L_K>B_{ZJ}>B_{YC}>L_Z$。

（4）通过实验室测试，对只开压风、压抽均开和压控抽均开等 3 种条件下附壁射流控尘掘进面迎头风流分布进行了测试，明确了综掘面迎头附近流场分布特性。

（5）根据寸草塔煤矿 31 煤回风联络巷掘进工作面生产条件，设计了长压短抽通风除尘系统工艺参数并进行了现场工程应用，司机位和机组后 4～5 m 处呼吸性粉尘降尘效率达 95％以上，工作面作业环境大大改善，有效解决了 31 煤回风联络巷掘进工作面生产期间的粉尘污染问题。

（6）通过试验室试验和理论研究，优选了除尘器过滤方式，优化了喷嘴布置，确定了最佳过滤风速以及波纹板结构，最终根据需要，设计并加工了呼吸性粉尘高效湿式除尘器样机。

（7）完成了通风除尘风量监控系统的样机设计、加工及实验室测试；风量监控装置压风风量的测量的风量误差均在4%以内，平均误差为1.602%，小于5%，达到了掘进面供风风量测量精度的要求。

第五章 典型煤矿采、掘面防尘示范应用技术研究

5.1 神东补连塔矿大采高综采面防尘示范应用技术研究

5.1.1 示范工作面概况

结合补连塔矿采掘接续情况，选取 22408 工作面作为示范应用工作面。22408 工作面位于 22 煤四盘区，综采面长度 303 m，推采长度 3 755.8 m，可回采面积 108.36 万 m²。煤层厚度 5.6～7.8 m，平均煤厚 6.57 m，直接顶、底均为粉砂岩，日平均进尺 15.57 m，日产量 4.2 万 t，综采面沿煤层走向布置，沿倾斜向上或向下推进，沿煤层顶板回采，综采面采用倾斜长壁后退式一次采全高，全部垮落法处理采空区的综合机械化采煤法。选用 EKF 公司生产的 EKFSL1000/6659 型采煤机，平均采高 6 m；综采面中部架选用 ZY18000/32/70D 型支架，支架中间距 2 050 mm，移架步距 865 mm；综采面配套有 2 台 BPW800/16 型喷雾泵，额定压力 16 MPa，额定流量 800 L/min，电机功率 250 kW。综采面配 2046 m³/min 的风量时，平均风速为 1.21 m/s。

5.1.2 主要研究内容

针对大采高综采面的粉尘治理难题，开展了"大采高综采面分尘源分区封闭防尘技术及装备"研究，研发出了含尘风流控制与净化、采煤机随机抽尘净化、液压支架封闭控尘收尘以及负压除尘微雾净化等 4 项技术，研制了远射程低耗水型气水喷雾器、单双控气水联动阀、采煤机机载除尘器、滑移式液压支架封闭控尘装置、支架顶部除尘器等 5 类装备，最终形成了适用于大采高综采面的成套技术及装备，通过在补连塔煤矿现场进行工业性试验，能够将综采面的呼吸性粉尘降低 90% 以上。本研究内容是在此基础上，结合现有成熟的粉尘治理技术及装备，在神东补连塔煤矿进行示范应用，并结合现场实际条件开展现场应用研究，使大采高综采面的呼性降尘效率达到 90% 以上。研究内容主要包括：

（1）大采高综采面分尘源呼吸性粉尘控制与降尘：结合现场生产条件，研究不同尘源点的控尘方式（水幕、气水双幕）、布置工艺（位置、方向）、控尘水幕参数（压力、流量、射程）；研究喷雾降尘方式、布置工艺、喷雾参数等。

（2）采煤机随机抽尘净化：结合综采面风量、流场、断面尺寸等数据，选择机载抽尘净化

装置,研究除尘器、收尘口的布置方式,配套方式等。

(3) 液压支架顶板预湿润抑尘:根据实验室研究成果,结合支架型号、产尘状况,研究支架顶部喷雾布置方式、喷嘴结构及雾流等参数。

在研究过程中,为进一步提高该项技术的适用性,开展了"滑移式液压支架封闭控尘收尘技术及装备"的研究,取得了显著的降尘效果。但由于现场示范工作面采高发生较大变化,本章又开展了"拉簧式液压支架封闭控尘收尘技术及装备"的研究。

此外,根据拟调整的研究成果,又新增"负压除尘微雾净化"现场应用方面的研究内容,即针对上述措施使用后仍悬浮在工作面的呼吸性粉尘,结合支架结构特点、浮游粉尘运移规律,研究装置及配套工艺。

(4) 呼吸性粉尘浓度监测与管理:在综采面回风巷、综掘面回风侧安装呼吸性粉尘传感器,传感器监测的数据通过粉尘监控系统传输到地面监控室。

5.1.3 大采高综采面分尘源呼吸性粉尘控制与降尘技术应用研究

(1) 控降尘方式

采煤机前后滚筒割煤作业时会使破碎煤体产生粉尘,同时随着采煤机滚筒的旋转,粉尘被抛撒,在螺旋滚筒的引导下粉尘开始扩散,受采煤机机身阻挡向下风侧运移。垮落冲击产尘位于采煤机运行前方,收支架侧护板时,大量破碎煤体集中落于刮板运输机中,在电缆槽与采煤机机身的阻挡下,形成高浓度粉尘区域。喷雾控降尘的目的是加速粉尘的沉降,减少粉尘向支架行人侧的扩散。

基于以上研究成果,选用气、水双幕对采煤机割煤尘源进行控制和沉降。即针对采煤机前后滚筒,跟随采煤机开启和关闭,引导粉尘沿煤壁一侧运移,并对其进行沉降,最终实现对含尘气流的控制和净化,即采用喷雾控尘和降尘。

单水喷雾与气水双幕喷雾的不同在于要得到同一粒径喷雾,单水喷雾的压力需提高到8 MPa以上,而气水双幕喷雾则是利用压气与水相混合的方式,极大地减小了喷雾压力,降低喷雾用水量,从而避免过多地增加煤体水分含量。

(2) 布置工艺

根据示范工作面支架结构特点,结合前期工业性试验使用情况,拟将气、水双幕喷雾器安装在支架顶部,通过现场调研确定将喷雾装置安装在顶梁两侧距离煤壁 1.5 m 位置,设计喷雾雾流朝向滚筒下边缘位置,最终确定喷嘴朝向与底板夹角为 75°。

对现有供水管路进行改造,形成气水双幕喷雾控尘系统,针对采煤机前后滚筒,并利用气水单、双控联动阀实现采煤机开启和关闭,初步确定示范的范围为 50 架,每架安装一个喷雾装置,每个喷雾装置上拟布置 2 个喷嘴。根据现场调研,设备安装布置如图 5-1 所示,管路布置如图 5-2 所示,单双控气水联动阀如图 5-3 所示。

(3) 喷嘴参数

研究研制了一种远射程低耗水型内混式气水喷雾器,其外形结构如图 5-4 所示。工业性试验阶段喷嘴气道直径 $d_1=4$ mm、水道直径 $d_2=5$ mm、空气帽直径 $d_3=4$ mm,在无风

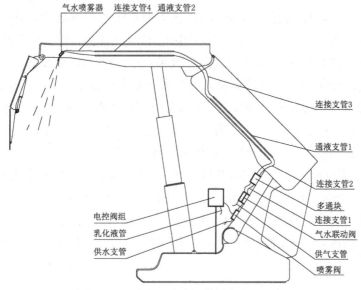

图 5-1　喷雾降尘系统安装布置示意图

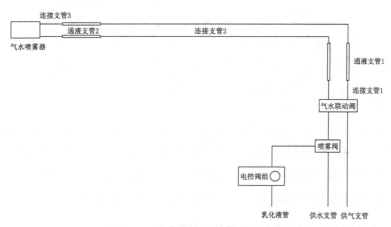

图 5-2　喷雾降尘系统原理示意图

图 5-3　液压控制阀组

图 5-4　压气喷嘴结构图

条件下,当水压 0.4 MPa,气压 0.6 MPa 时,该类型喷嘴的有效射程可达到 8 m,耗水量 2 L/min,耗气量 100 L/min。考虑到示范应用的 22408 工作面与课题二子课题 4 工业试验的工作面相比采高降低 2 m 左右,为保证降尘效果,参考原有的试验数据研究了另一种结构参数的喷雾器进行示范应用,其气道直径 $d_1 = 3$ mm、水道直径 $d_2 = 4$ mm、空气帽直径 $d_3 = 4$ mm,在无风条件下,当水压 0.3 MPa,气压 0.4 MPa 时的该类型喷嘴的有效射程可达到 6 m。

现场示范阶段,在 22408 工作面安装了 50 架,完成后又开展了不同气压、不同喷雾数量条件下降尘效果的测试,得到了最佳的喷雾工艺技术参数,当调节水压为 0.35 MPa,气压 0.4 MPa 时,在采煤机前后滚筒各同时开启 5 架,能够起到较好的控降尘效果,此时单个喷嘴的耗水量 1.5 L/min,耗气量 65 L/min,降尘效率能够达到 69.44% 以上,具体如表 5-1 所示。此时气水双幕控降尘系统总的耗水量约为 30 L/min,耗气量约为 1 300 L/min。相比于上述工业性试验情况,降尘效率基本相当,但可节约耗气量 300 L/min。最佳条件下的测试数据如表 5-1 所示。

表 5-1　含尘风流控制与净化技术降尘效率

序号	割煤工序	测试地点	原始呼吸性粉尘浓度/(mg·m⁻³)	采取措施后呼吸性粉尘浓度/(mg·m⁻³)	降尘效率/%
1	顺风割煤	采煤机下风侧司机处	62.4	18.6	70.19
2		采煤机下风侧 15～20 m 处	73.8	20.1	72.76
3	逆风割煤	采煤机下风侧司机处	68.3	19.6	71.30
4		采煤机下风侧 15～20 m 处	79.2	24.2	69.44

由表 5-1 可知,在采煤机割煤作业上风侧无降柱移架产尘影响的情况下,顺风割煤时,下风侧司机处与采煤机下风侧 15～20 m 处降尘效率分别为 70.19% 和 72.76%;逆风割煤时,下风侧司机处与采煤机下风侧 15～20 m 处降尘效率分别为 71.30% 和 69.44%。

5.1.4　采煤机随机抽尘净化技术应用研究

在大采高综采面,采煤机割煤及煤层垮落产生的粉尘向人行侧扩散主要是受到了风流的影响。从图 5-5 可以看出,进风风流在遇到采煤机机身端面时,由于运动受阻,风流方向发生改变,并且由于断面缩小,风速会急剧增大。此部分风流在向人行侧扩散的过程中,会携带大部分粉尘,从而造成粉尘扩散。在采煤机上风侧机身端面处布置除尘器,通过除尘器形成负压区,含尘风流被吸入除尘器后,先被前雾化喷嘴初步混合,再被高速旋转的叶轮进一步雾化混合,形成泥水、尘雾,气流夹带泥水、尘雾至除尘箱的过滤网位置,粉尘被再次捕捉并形成泥滴,未形成水的水雾在气流的夹带下行至脱水器,被脱水器搜集并形成水滴,最后形成的污水从除尘箱底板流出除尘箱,从而净化负压区的粉尘。

(1) 除尘器最佳处理风量

上述研究针对现场 8 m 左右采高工业性试验工作面,采用数值模拟的方法,研究除尘器收尘口与尘源位置关系、处理风量与尘源处风速关系,确定最佳的吸尘口位置及处理风量;

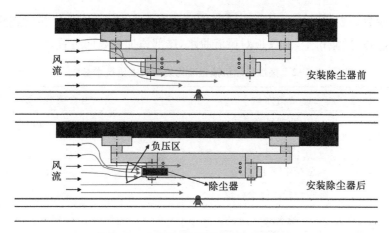

图 5-5　大采高综采面机载除尘器除尘

由于示范工作面的采高平均为 6 m,其行走部高度在原有基础上降低了 2 m,采煤机其余结构都未发生变化,考虑到现场应用性问题,设置吸风口距离底板距离也同为 1.65 m。因此,参考上述研究,本节首先对以示范应用的 6 m 采高综采面为原形条件的机载除尘器的最佳处理风量进行了数值模拟计算。

经模拟分析,对于采高 6 m 的综采面,当处理风量为 60 m³/min 时,采煤机上风滚筒割煤产生的粉尘基本能够被处理干净,考虑到机载除尘器处理风量有一定的富裕,参考上述研究取 2 倍系数,将除尘器的处理风量定为 120 m³/min。

(2) 除尘器选型

22408 工作面与工业试验工作面采高存在差异,但仍然采用 SL1000 型采煤机,只是两种工作面下采煤机机面到顶板的高度存在差异,与刮板运输机、液压支架配套后,采煤机随机抽尘净化装置安装空间基本无变化。因此上述研究的研究成果仍能满足示范工作面的需要,即可采用 KCS - 180D - J 型湿式除尘风机,处理风量 180 m³/min,功率 11 kW。

KCS - 180D - J 型湿式除尘风机整体为倒 L 形结构,采用下部吸风,上部出风的形式;吸风方向垂直朝向底板,出风方向朝向工作面煤壁,与风流方向呈 45°夹角。装置主要由前喷雾、风机段和除尘脱水段组成,如图 5-6

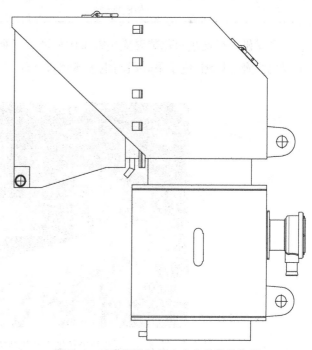

图 5-6　采煤机随机抽尘净化装置结构图

所示,其结构参数如表5-2所示。除尘风机前喷雾对粉尘进行预混,风机段提供动力,除尘脱水段采用捕尘网拦截粉尘,波纹板对风流脱水,尾部添加有导向装置。

表5-2 采煤机随机抽尘净化装置的主要技术参数

序号	名称	主要技术参数
1	处理风量	180 m³/min
2	工作阻力	1 200 Pa
3	总粉尘降尘效率	≥98%
4	呼吸性粉尘降尘效率	≥90%
5	脱水效率	≥97%
6	工作噪声	≤85 dB(A)
7	漏风率	≤5%
8	适应水压	0.5~4 MPa
9	电机型号	YBF2－160M－1
10	额定功率	11 kW
11	额定电压	380/660 V 660/1 140 V
12	额定电流	21.8/12.6 A 12.4/7.2 A
13	额定转速	2 900 r/min
14	整机外形(长×宽×高)	1 693 mm×590 mm×1 703 mm
15	整机重量	1 300 kg

采煤机随机抽尘净化装置应用效果图如图5-7所示。采煤机随机抽尘净化装置安装在采煤机机身上风侧,位于采煤机与电缆槽挡板之间。

图5-7 采煤机随机抽尘净化装置现场应用效果图

（3）工艺配套

采煤机随机抽尘净化装置布置于采煤机机身上，其供电与供水均需随采煤机布置，采煤机的供电与供水需通过电缆夹连接至进风供电、供水位置。随机抽尘净化装置的供水取自采煤机上 DN12 的分水接口；供电选择对采煤机无影响的方案，实现独立的 660 V 供电，在电缆夹中布置一趟电缆，但在实际敷设和试运行过程中，电缆夹随采煤机运行，反复弯折，容易出现电缆被拉断的情况，为此对采煤机随机抽尘净化装置的供电方案进行优化，即从采煤机机身供电单元中分出 660 V 部分，在采煤机机身上增加一款如图 5-8 所示的 QJZ6-60/1140(660)矿用隔爆兼本质安全型真空电磁起动器，该起动器改变了原有真空电磁起动器的外形，呈 600 mm×300 mm×300 mm 长方体，便于布置于采煤机盖板下方。

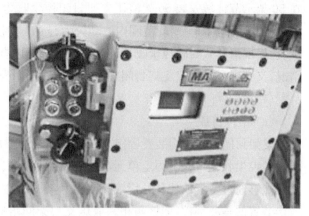

图 5-8　矿用隔爆兼本质安全型真空电磁起动器

（4）现场应用效果

采煤机随机抽尘净化装置安装完成后，主要用于治理采煤机割煤时因机身阻挡向支架行人侧扩散的含尘气流，对降尘效果进行考察时主要考虑对采煤机下风侧司机处和采煤机机身下风侧 15～20 m 处支架行人侧呼吸带高度的呼吸性粉尘净化效果。采用 CCZ20 型呼吸性粉尘采样器，利用天平称重法，在采煤机工作上风侧无液压支架降柱移架时，测试了使用采煤机机载除尘器前后采煤机下风侧司机处和采煤机机身下风侧 15～20 m 处的支架行人侧的呼吸性粉尘浓度，如表 5-3 所示。

表 5-3　采煤机随机抽尘净化装置降尘效率测试结果

序号	割煤工序	测试地点	原始呼吸性粉尘浓度/(mg·m⁻³)	安装采煤机随机抽尘净化装置后呼吸性粉尘浓度/(mg·m⁻³)	降尘效率/%
1	顺风割煤	采煤机下风侧司机处	54.4	16.8	69.12
2		采煤机下风侧 15～20 m 处	62.2	19.7	68.33
3	逆风割煤	采煤机下风侧司机处	74.8	17.3	76.87
4		采煤机下风侧 15～20 m 处	85.3	22.1	74.09

由表 5-3 可知：顺风割煤时采煤机下风侧司机处、采煤机下风侧 15～20 m 处开启采煤机随机抽尘净化装置前后呼吸性粉尘的平均浓度为 54.4 mg/m³、62.2 mg/m³ 和 16.8 mg/m³、19.7 mg/m³；逆风割煤时采煤机下风侧司机处、采煤机下风侧 15～20 m 处开启采煤机随机抽尘净化装置前后呼吸性粉尘平均浓度分别为 74.8 mg/m³、85.3 mg/m³ 和

$17.3 \, \text{mg/m}^3$、$22.1 \, \text{mg/m}^3$。

5.1.5 拉簧式支架封闭控尘收尘装置研究与应用

为解决降柱移架的粉尘问题,初步确定采用上述研究研制的滑移式封闭控尘收尘装置,在50架示范区域安装50架液压支架封闭控尘收尘装置进行示范,但示范综采面采高变为了6 m,且采高在3~6 m范围内波动较大,与工业性试验工作面(采高8 m)差别较大,通过试验,发现滑移式封闭控尘收尘装置对行人和通风有一定的影响,为此结合示范工作面实际情况,又开展了拉簧式支架封闭控尘收尘装置的研究。

(1) 装置研制

(a) 结构特征

支架封闭控尘收尘装置固定在两液压支架侧护板之间,其结构分为固定单元、支撑吊挂单元和控尘收尘单元。固定单元起到连接和固定支架封闭控尘收尘装置的作用,支撑吊挂单元能够通过变形或位移补偿液压支架移架过程中的位移,控尘收尘单元是支架封闭控尘收尘装置的核心部件,兜接两相邻液压支架架间落矸。由于拉簧式封闭控尘收尘装置紧贴侧护板外缘,不会对行人和过风造成影响,比较适用于示范工作面。结合22409综采面的前期试验,在22408综采面示范应用的液压支架封闭控尘装置结构如图5-9所示。

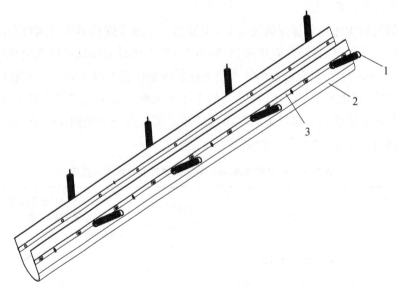

1—拉伸弹簧;2—矿用抗静电阻燃材料;3—固定夹板

图5-9 液压支架控尘收尘装置结构图

将液压支架现有的挂环或者焊接在液压支架箱梁表面的吊环作为固定单元,采用大直径粗丝径的拉伸弹簧作为支撑吊环单元,采用具有一定宽度的矿用抗静电阻燃材料作为控尘收尘单元。支架封闭控尘收尘装置现场安装效果如图5-10所示。

在示范应用过程中,工作面内采高变化会引起装置侧翻及装置抵四联杆的现象,为此对装置进行了进一步优化,将其由分段式结构改进为整体式结构,整体式结构减少的架缝间落矸的自然堆积,未出现区域的集中载荷,增强了装置的耐用性。

（b）装置结构设计

根据液压支架侧护板长度及装置的覆盖范围,将装置长度设计为 3 500 mm,在使用过程中,装置与液压支架四连杆发生干涉,因此将装置长度改为 3 000 mm。

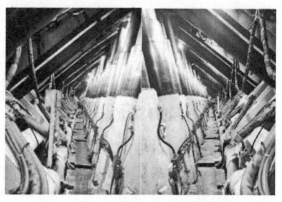

图 5-10　支架封闭控尘收尘装置

导尘槽设计为刚性槽将影响支架内部电缆与前立柱,为此考虑将其设计为柔性材质,使其具有一定的强度,同时满足煤矿井下使用要求;经过对比与选型,依据材质的可弯曲程度与强度,选用矿用叠层输送带,输送带宽度为 1 200 mm,内置 EP 布强度为 200 N/mm,其表面覆胶的强度为 67.75 MPa。

（2）现场应用效果

液压支架封闭控尘收尘装置主要解决的是架间落矸的粉尘扩散问题,降尘效果考察时主要考虑在有、无支架封闭控尘收尘装置情况下,降柱移架下风侧 5 m 处的总尘及呼吸性粉尘降尘效果。采用 CCZ20 型呼吸性粉尘采样器,利用天平称重法,在液压支架降柱移架时,测试了在有、无支架封闭控尘收尘装置情况下区域的总尘和呼吸性粉尘浓度,测试结果如表 5-4 所示。

表 5-4　液压支架封闭控尘收尘装置降尘效率测试结果

序号	测试地点	粉尘类型	粉尘浓度 /(mg·m⁻³)	平均粉尘浓度 /(mg·m⁻³)	降尘措施
1	降柱移架 下风侧 5 m	总尘	805	805.0	无
2			812.5		
3			797.4		
4			55.4	52.2	使用液压支架封闭控尘收尘装置
5			49.7		
6			51.5		
7		呼吸性粉尘	221.4	206.6	无
8			202.5		
9			196		
10			20.2	16.8	使用液压支架封闭控尘收尘装置
11			18.8		
12			11.4		

由表 5-4 可知:在无或有液压支架封闭控尘收尘装置情况下,降柱移架下风侧 5 m 位置总粉尘的平均浓度分别为 805.0 mg/m³、52.2 mg/m³,总尘的降尘效率为 93.5%;在无或有液压支架封闭控尘收尘装置情况下,降柱移架下风侧 5 m 位置呼吸性粉尘的平均浓度分别为 206.6 mg/m³、16.8 mg/m³,总尘的降尘效率为 91.9%。

5.1.6 负压除尘微雾净化技术应用研究

针对使用上述治理措施后仍悬浮在工作面的呼吸性粉尘,拟采用负压除尘微雾净化进行治理,尽可能多地将悬浮在空气中的呼吸性粉尘吸入至除尘装置内进行净化处理,同时,利用风送式喷雾形成细微雾粒,并利用风流扰动强化高大空间内悬浮粉尘与细微雾粒之间的凝结和沉降。

(1)负压除尘微雾净化装置改进

针对补连塔煤矿的情况,根据前期现场调研的支架的结构特点,确定负压除尘微雾净化装置的结构如下,总体尺寸长×宽×高为 1 800 mm×700 mm×735 mm,处理风量 120 m³/min,总重在 600 kg 以内。结合工业试验成果,对原有设计进行了改进优化,具体结构如图 5-11 所示。

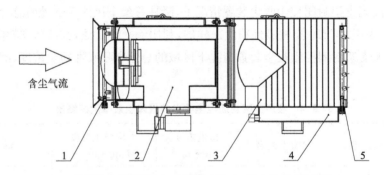

1—前喷雾;2—风机段;3—过滤除尘段;4—污水箱;5—后喷雾

图 5-11　负压除尘微雾净化装置图

改进后的负压除尘微雾净化装置型号是 FBC No.5.0/5.5,电机功率 5.5 kW。实测在阻力为 400 Pa 时,处理风量为 150 m³/min。

负压除尘微雾净化装置安装在紧邻支架立柱顶梁位置,装置吸尘口正对风流方向或朝人行道倾斜,出风口朝向下风侧,向煤壁侧倾斜,气、水供给从支架引出,利用软管将污水引至工作面底板,电源从支架内取电,电源电缆沿支架顶部布置,工业性实验阶段采用逐台分别控制,装置在现场具体安装布置如图 5-12 所示。

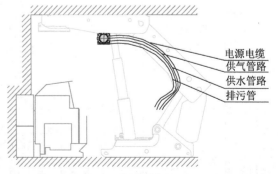

图 5-12　负压除尘微雾净化装置现场安装布置示意图

在 50 架示范范围内,由于负压除尘微雾净化装置的安装间隔还需进一步研究后才能确定,方案中暂时确定安装 3 台,间隔支架数量为 25 个,间隔距离为 50 m。

（2）配套工艺

负压除尘微雾净化装置布置在液压支架前立柱靠近煤壁侧,通过安装吊环固定在液压支架顶梁上,不影响液压支架收缩护帮板,同时保证不左右摇晃,不碰撞立柱。

负压除尘微雾净化装置的供电取自液压支架范围内的 660 V 照明用供电。供水取自液压支架喷雾用水。

（3）现场应用效果

负压除尘微雾净化装置布置于液压支架前立柱之间,分别安装在 94♯、114♯ 和 136♯ 支架上,其安装效果如图 5-13 所示。

（a）正视图　　　　　　　　　　　　　　　（b）侧视图

图 5-13　负压除尘微雾净化装置

负压除尘微雾净化装置主要用于治理经液压支架与刮板运输机区域沿支架立柱上部分区域扩散至支架行人侧区域的含尘气流。降尘效果主要考查装置进出风口 2 m 处与对应支架行人侧呼吸带高度位置的呼吸性粉尘浓度,采用 CCZ20 型呼吸性粉尘采样器,利用天平称重法进行测试,测试时采煤机位于负压除尘微雾净化装置上风侧 50 m 位置,测试结果如表 5-5 所示。

表 5-5　负压除尘微雾净化装置的粉尘浓度测试结果

序号	测试地点	粉尘类型	粉尘浓度/(mg·m⁻³)	平均粉尘浓度/(mg·m⁻³)	降尘效率/%
1	装置进风口 2 m	呼吸性粉尘	69.2	71.3	85.1
2			71.6		
3			73.2		
4	装置出风口 2 m		11.5	10.7	
5			10..3		
6			9.8		

续表

序号	测试地点	粉尘类型	粉尘浓度/(mg·m⁻³)	平均粉尘浓度/(mg·m⁻³)	降尘效率/%
7			37.3		
8			38.2	38.8	
9	支架行人侧呼吸带高度	呼吸性粉尘	40.9		67.0
10			12.2		
11			12.8	12.8	
12			13.4		

由表 5-5 可知：开启负压除尘微雾净化装置前后呼吸性粉尘的平均浓度分别为 71.3 mg/m³ 和 10.7 mg/m³,呼吸性粉尘的降尘效率为 85.1%。在支架行人侧呼吸带高度的呼吸性粉尘浓度由 38.8 mg/m³ 降至 12.8 mg/m³,降尘效率为 67.0%。

5.1.7　呼吸性粉尘浓度监测与管理

在综采工作面回风巷端头 30～50 m 位置安装呼吸性粉尘浓度传感器,并利用井下分站将数据上传至监控室,对综采面回风流中的呼吸性粉尘进行实时监测。

（1）原理特点

如图 5-14 所示 GCG500(C)型矿用呼吸性粉尘浓度传感器由呼吸性粉尘采样头、本体和风机等三部分组成。该传感器采用光散射方法和电荷感应法相结合的方法进行呼吸性粉尘浓度的测量,根据呼吸性粉尘浓度的大小自动切换到相应的测量方法,大大提高了测量的精度;在自动切换中设置回差机制,提高测量的稳定性。同时还采用虚拟冲击技术实现呼吸性粉尘的连续分离,分离效能能够满足 BMRC 分离效能曲线。

该传感器的主要技术参数如下：

（a）测量范围为 0～500 mg/m³,测量误差为 −12%～12%。

（b）输入电压范围宽,传感器在输入电压 DC 18～25 V（本安电源）的范围内均能正常工作,可适用于煤矿井下各种分站。

（c）额定工作电流小,整机额定工作电流<120 mA,最大工作电流<170 mA,大大减轻了分站电源的负担,可安装在距分站更远的位置。

图 5-14　呼吸性粉尘浓度传感器

（2）应用情况

在 22408 工作面回风巷距离端头 30～50 m 位置安装呼吸性粉尘浓度传感器,并利用井下分站将数据上传至监控室,安装实物如图 5-15 所示,防尘设施投入使用前后的部分监测数据如图 5-16 所示。

图 5-15　呼吸性粉尘浓度传感器安装实物图

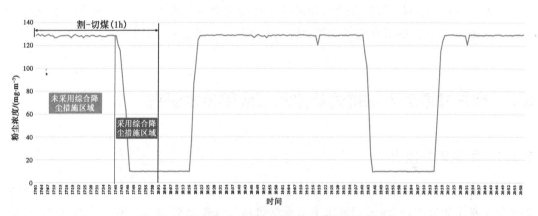

图 5-16　采煤机往返两次呼吸性粉尘浓度变化规律

5.1.8　综合降尘效果

为了考察 22408 工作面示范应用后的综合降尘效果,选取 6 个点位进行使用前后的第三方检测,检测结果见表 5-6,检测单位为内蒙古矿山安全与职业危害检测检验中心。

表 5-6　检测结果

序号	采样地点	检测状态	呼吸性粉尘浓度/(mg·m⁻³)	总粉尘浓度/(mg·m⁻³)	呼吸性粉尘降尘效率/%	总粉尘降尘效率/%
1	上风侧司机工作地点	采用防降尘措施前	94.55	363.66	93.04	94.99
2		采用防降尘措施后	6.58	18.21		
3	下风侧司机工作地点	采用防降尘措施前	147.51	452.16	92.31	93.14
4		采用防降尘措施后	11.35	31.03		

序号	采样地点	检测状态	呼吸性粉尘浓度/(mg·m⁻³)	总粉尘浓度/(mg·m⁻³)	呼吸性粉尘降尘效率/%	总粉尘降尘效率/%
5	采煤机回风侧10~15 m位置	采用防降尘措施前	82.64	361.96	91.14	93.23
6		采用防降尘措施后	7.32	24.51		
7	移架司机工作地点	采用防降尘措施前	135.02	566.76	93.24	95.72
8		采用防降尘措施后	9.13	24.28		
9	回风巷内距工作面端头10~15 m位置	采用防降尘措施前	60.89	283.66	91.61	94.12
10		采用防降尘措施后	5.11	16.68		
11	机转载点回风侧5~10 m位置	采用防降尘措施前	35.17	128.78	90.65	92.29
12		采用防降尘措施后	3.29	9.93		

由表 5-6 可知：降尘设施综合应用后呼吸性粉尘降尘效率高于 90%，回风巷呼吸性粉尘在 10 mg/m³ 以内，能够有效解决类似特大采高综采工作面粉尘污染问题。

5.2 神东寸草塔矿综掘面防尘示范应用技术研究

5.2.1 示范矿井概况

寸草塔矿是神东煤炭集团现代化高效矿井之一。寸草塔煤矿位于内蒙古自治区鄂尔多斯市伊金霍洛旗境内，行政区划隶属伊金霍洛旗乌兰木伦镇管辖。井田内可采煤层和局部可采煤层共 8 层，煤质具有特低灰、低硫、低磷和中高发热量的特点，属于高发挥不黏煤和个别点长焰煤，是优质动力煤和气化用煤。矿井于 1988 年 6 月开工建设，1991 年 4 月建成投产。2005 年 11 月份开始技改，2008 年底技改完成，矿井核定生产能力 240 万 t/年，为证照齐全有效的正常生产井工煤矿。矿井采用斜井开拓方式，通风方式为中央并列式，主斜井及辅运平硐进风、回风斜井回风，目前暂无综采工作面。根据 2020 年瓦斯等级鉴定报告，寸草塔煤矿全矿井绝对瓦斯涌出量为 1.69 m³/min，相对瓦斯涌出量为 3 m³/t，属于低瓦斯矿井。

根据矿井生产接续情况，本次示范掘进工作面为神东寸草塔煤矿 22120 运输顺槽。该掘进工作面设计断面形状为矩形（宽×高＝5.4 m×3.2 m），巷道长度 740 m，主要施工工艺为掘锚机一次成巷。煤层总体倾向 NNW，倾角 1~3°，局部倾角为 5°，煤层较稳定，煤层底板高程 1 066~1 079 m，煤厚 2.0~2.7 m，平均厚度为 2.35 m，颜色为黑色，条痕呈褐色，暗淡光泽。煤质水分含量为 7.65%。煤层中部含有 1~3 层泥岩夹矸，厚度 0~0.3 m，该煤层煤尘有爆炸性。确定巷道顶板采用"圆钢锚杆＋钢筋网片＋锚索＋钢带"联合支护。根据 2020 年瓦斯等级鉴定报告，寸草塔煤矿属低瓦斯矿井，掘进工作面最大绝对瓦斯涌出量为

0.1 m³/min。工作面使用 SANDVIK 的 MB670 - 185 型掘锚机落煤、装煤,用美国久益的 10S32 - 48B 型梭车将煤转运至破碎机处,破碎机将煤破碎转载至顺槽胶带输送机,再经过主运系统皮带将煤运输到地面煤仓。日进尺 24 m,月进尺 660 m。选用 FBDYNo6.3/2×30 kW 矿用隔爆型压入式对旋轴流局部通风机供风,供风风筒直径为 800 mm,实测供风量约为 450 m³/min。由于工作面掘进生产期间会截割岩石,从而导致生产时空气中粉尘浓度较高。

5.2.2　主要研究内容

针对快速综掘面的粉尘治理难题,开展了《综掘面通风除尘与风流自动调控技术及装备》研究,研发了综掘面风量自动监控系统、基于呼吸性粉尘的高效湿式除尘器、附壁风筒控尘装置等技术装备,通过在寸草塔煤矿 3－1 煤回风连巷的工业性试验,得到综掘面的呼吸性粉尘浓度降低 95% 以上。在此基础上,结合现有成熟治理技术及装备,在神东寸草塔煤矿进行示范应用,并结合现场实际条件开展现场应用研究,使综掘面的呼吸性粉尘降尘效率达到 95% 以上。研究内容主要包括:

(1)综掘面压抽风流自动调控:结合现场生产技术条件,研究调控系统中瓦斯浓度、粉尘浓度、压入风量、除尘器抽风量等配套工艺参数。

(2)综掘面呼吸性粉尘控除尘:根据综掘面风量选择除尘器,根据巷道断面和掘进速度研究控尘装置工艺参数,控除尘配套工艺参数及移动方式,获得综掘面最优的除尘系统配套及工艺参数。

(3)呼吸性粉尘浓度监测与管理:在综采面回风巷、综掘面回风侧安装呼吸性粉尘传感器,传感器监测的数据通过粉尘监控系统传输到地面监控室。

5.2.3　工作面粉尘粒度分布分析

为了掌握 22120 运输顺槽掘进面正常生产时粉尘粒度分布情况,采用滤膜测尘法对该工作面生产时的粉尘进行了现场采集,并采用 MD－1 型粉尘粒度分析仪对采集到的样品进行粉尘粒度分析,粉尘粒度分布测定范围为 5～150 μm。测试结果见表 5-7 和图 5-17。

表 5-7　22120 运输顺槽掘进面粉尘粒度分布测试结果

测定序号	粒径 d/μm												
	150	100	80	60	50	40	30	20	10	8	7	6	5
1	0.0%	0.0%	0.3%	5.6%	5.6%	8.5%	8.5%	33.9%	63.9%	66.9%	67.6%	69.6%	69.6%
2	0.0%	0.0%	0.0%	5.0%	5.9%	8.2%	9.3%	36.4%	65.6%	66.8%	65.8%	71.1%	72.3%
平均值	0.0%	0.0%	0.15%	5.3%	5.75%	8.35%	8.9%	35.15%	64.75%	66.85%	66.7%	70.35%	70.95%

通过分析发现,22120 运输顺槽掘进面正常生产时产生的粉尘中,粒径在 60 μm 以上的粉尘几乎没有,粒径在 50 μm 以下的粉尘占总粉尘的 95.6%,粒径小于 7.07 μm 的粉尘占总粉尘的 32.7%,粒径小于 10 μm 的粉尘占总粉尘的 43.5%。

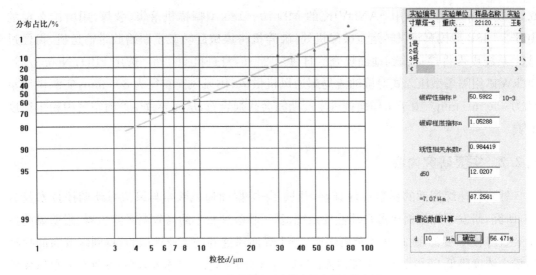

（a）E1S725工作面粉尘罗森分布拟合图布拟合图

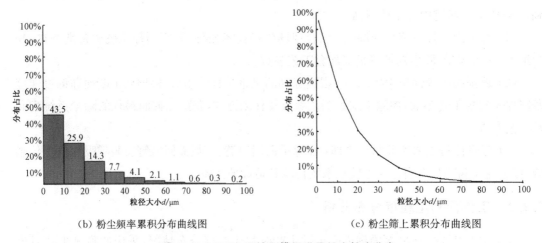

（b）粉尘频率累积分布曲线图　　　　　　（c）粉尘筛上累积分布曲线图

图 5-17　22120 运输顺槽掘进面粉尘粒度分布

5.2.4　综掘工作面粉尘防治

（1）除尘系统布置方案选择

（a）除尘系统布置方式

以往在矿井长距离巷道掘进中采用掘锚机＋桥式转载机生产工艺，通过"长压短抽"方式将除尘器安设于桥式转载机并通过将负压抽尘风筒从除尘器延伸至工作面实现除尘；这种布置方式除尘系统与掘进设备相对固定，除尘器随掘进设备同步移动，工人工作量较小。但是当矿井开拓的几个掘进工作面设计掘进距离均较短，且底板起伏大时，此掘进工艺无法满足生产要求和进尺需求，为此重新设定矿井掘进工艺为掘锚机＋梭车＋胶带输送机实现短距离快速掘巷的生产目标。因此，采用常规的将除尘器放置于桥式转载机的配套方式无法实现，需根据 22120 运输顺槽掘进工作面实际生产工艺进行调整确定。

由于受到梭车的影响,无法在掘锚机与破碎机之间的巷道内设置除尘器,而若采用类似以往的除尘系统配套方式,将除尘器布置于胶带输送机上,再连接抽尘风筒至掘锚机机身,这样的做法存在以下缺点:(1)伸缩抽尘风筒不方便,随着工作面的推进需要及时跟进风筒,最长需要跟进约 70~80 m,人员工作量较大;(2)由于除尘器需要在皮带架上放置,体积较大,遇到底板变化时,有安全隐患;(3)由于每班都需要延接风筒,人员都需要登高作业,增加了日常工作的风险。

通过现场实际测量,在掘锚机机身顶部位置存在一定的利用空间,可以通过改造除尘器外形尺寸,将除尘器布置于掘锚机机身顶部。综合考虑 22120 运输顺槽掘进工作面生产条件,最终确定该工作面粉尘防治系统如图 5-18 所示。

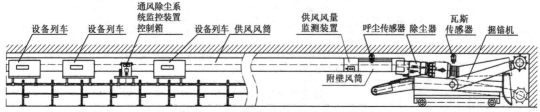

图 5-18　机载式除尘系统布置示意图

将除尘器布置于掘锚机机身顶部,能利用原机自带的抽尘风道和集尘口,可以发挥集尘口距离截割面最近,收集粉尘效率最高的特点,且除尘器吸尘口与抽尘风道采用柔性连接,不影响正常截割操作。此种布置方式除尘器与掘锚机相对固定,不需另外再接抽尘风筒,也可大大减少工人工作量。

(b) 呼吸性粉尘高效湿式除尘器改造

除尘器是整个抽尘净化系统最为核心的装备,其性能直接决定抽尘净化系统最终的降尘效果。为了更好地对呼吸性粉尘进行治理,需选用呼吸性粉尘除尘效率较高的除尘器。22120 运输顺槽掘进面实测供风量约为 450 m³/min。考虑到掘锚机抽尘风道断面面积较小,且随着掘锚机截割滚筒上下割煤进风口面积发生变化,为保证足够的抽出风量以达到较好的除尘效果,同时考虑掘锚机顶部空间大小,选用 KCS-550D-I 型矿用湿式除尘器进行抽尘净化,该除尘器呼吸性粉尘降尘效率可达 95% 以上。图 5-19 为其结构示意图,表 5-8 为其主要技术参数。

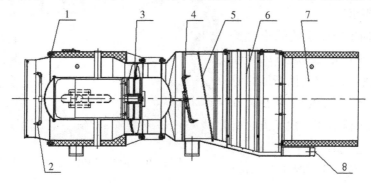

1—前消声器;2—前喷雾;3—配套风机;4—后喷雾;5—过滤器;6—脱水器;7—后消声器;8—排污口

图 5-19　KCS-550D-I 型矿用湿式除尘器结构示意图

表 5-8　KCS-550D-Ⅰ型除尘器主要技术参数

序号	参数名称		参数
1	处理风量/(m³·min⁻¹)		550
2	工作阻力/Pa		1 400
3	总粉尘除尘效率/%		≥98
4	呼吸性粉尘除尘效率/%		≥95
5	脱水效率/%		≥97
6	工作噪声/dB(A)		≤85
7	漏风率/%		≤5
8	除尘风机内液气比/(L·m⁻³)		≤0.4
9	适应水压/MPa		0.5～4
10	静压效率/%		≥55
11	配套电动机参数	电动机型号	YBF3-200L2-2
12		额定功率/kW	37
13		额定电压/V	380/660　660/1140
14		额定电流/A	67.9/39.1　39.1/22.6
15		额定转速/(r·min⁻¹)	2 950

含尘空气被吸入除尘器后,先被前雾化喷嘴初步混合,再被高速旋转的叶轮进一步雾化混合,形成泥水、尘雾,气流夹带泥水、尘雾至除尘箱的过滤网位置,粉尘被再次捕捉并形成泥滴,未形成水的水雾在气流的夹带下行至脱水器,被脱水器收集并形成水滴,最后形成的污水从除尘箱底板流出除尘箱。

为适应掘锚机顶部空间高度方向受限的问题,在保证除尘器脱水消声段原设计出口面积不变的情况下,对除尘器的脱水消声段重新进行了设计加工,将高度由原来 1.060 m 降低为 0.85 m,从而可以满足现场安装使用需求。

针对机载抽尘净化系统的除尘器出风口处风流与压风风筒出口风流可能出现互相干扰,从而出现循环风的情况,在除尘器出风口处加设了风量调节装置,使得排风风流沿压入式风流的相对一侧流动,不会对供风造成影响,从而形成良好的抽吸系统。图 5-20 为除尘器样机图片。

图 5-20　KCS-550D-Ⅰ型矿用湿式除尘器

（2）综掘面控除尘效果数值模拟研究

为了解抽尘净化通风除尘系统工作时综掘工作面巷道内的粉尘的分布情况，利用 FLUENT 软件，采用离散相 DPM 模型，并选用计算较稳定的一阶迎风格式及 SIMPLE 算法，进行综掘面控除尘数值模拟，分析不同控除尘工艺参数条件下的降尘效果，为后续除尘系统现场安装提供参考。

（a）物理模型构建及边界条件

根据 22120 运输顺槽生产条件，采用 ANSYS Design Modeler 软件构建了包含掘锚机、供风风筒、附壁风筒、抽尘风筒、除尘器在内的综掘面通风除尘物理模型。图 5-21 为构建的综掘面通风除尘物理模型。为避免不必要的数值运算，对综掘工作面实际条件进行了适当的简化。巷道模型简化的尺寸为 69 m（长）×5.4 m（宽）×3.2 m（高），其中掘锚机尺寸为 9 m（长）×4 m（宽）×1.8 m（高）；供风风筒、附壁风筒和抽尘风筒直径均为 0.8 m，供风风筒和附壁风筒轴心线距底板 2.5 m，距最近一处巷帮 0.6 m，抽出风筒轴心线距底板 2.5 m；附壁风筒与供风风筒直径相同，风筒侧壁有长×宽为 5 m×0.15 m 的径向出风口，距掘进迎头 12 m；压风轴向出风口距迎头 10 m，供风风量为 450 m³/min，附壁风筒轴向出风量根据工作面瓦斯涌出量确定为 40 m³/min。

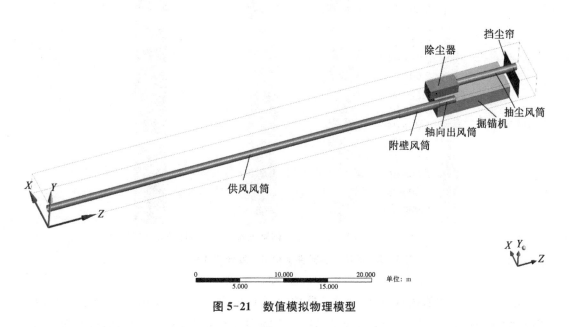

图 5-21　数值模拟物理模型

图 5-21 中，坐标系 X 轴正向表示巷道供风侧指向另一侧，Y 轴正向表示巷道底板指向巷道顶板，Z 轴正向表示由巷道末段指向工作面迎头方向。

（b）不同条件时控尘效果分析

为了防止粉尘在压入风流影响下向外扩散，提高除尘器收尘效果，根据研究成果，采用附壁风筒进行控尘,以提高系统除尘效率。考虑到本工作面采用除尘器机载式布置方式,为避免附壁风筒径向出风风流与除尘器排出风量相互影响,需减小控尘距离,将附壁风筒布置于除尘器附近。根据22120运输顺槽实际情况,设置附壁风筒径向出风口距迎头12 m,轴向供风出口距迎头10 m。同时考虑到由于控尘距离较近,可能会导致系统降尘效果不够理想的情况,为此在附壁风筒控尘的基础上,在掘锚机截割滚筒后面增设挡尘帘以提高控尘效果。

在除尘器抽出风量为405 m³/min(压入风量的0.9倍)时,分别对不采取附壁风筒控尘、采用附壁风筒控尘(轴向出风量40 m³/min,径向出风量390 m³/min)和"附壁风筒+挡尘帘"三种条件下的降尘效果进行了模拟。图5-22为三种情况下距巷道底板1.5 m(Y=1.5 m)处巷道截面上的粉尘分布情况。粉尘云图中的条柱代表粉尘浓度,单位为kg/m³。

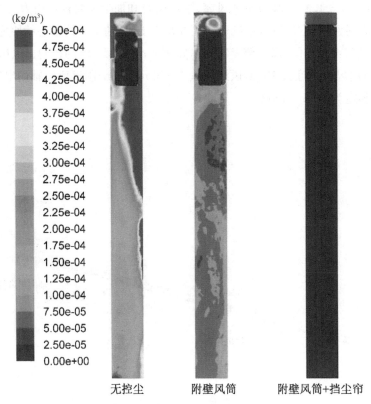

图5-22　不同控尘条件下粉尘浓度分布(Y=1.5 m)

由图5-22可以看出,在只使用除尘器抽尘而不采用任何控尘措施时,由于供风风流的影响,大部分粉尘在未被除尘器抽走的情况下就随供风风流向巷道后方扩散,进而弥散到整个巷道空间,这种方式降尘效果很不理想;而采用附壁风筒控尘措施后,虽然巷道后部的粉尘浓度明显比不采取控尘措施时要低很多,但是仍然有很多的粉尘扩散到整个巷道,且粉尘浓度不低,控尘效果不佳,造成这种情况的原因是控尘距离较近;在掘锚机截割滚筒后面增设挡尘帘后,掘锚机割煤产生的粉尘绝大部分被控制在挡尘帘和巷道迎头的空间内,然后通过抽尘管道被吸进除尘器,含尘空气被净化后排出,从而大大提高了除尘系统的抽尘净化能力,掘锚机后部巷道内几乎没有粉尘,降尘效果十分理想。

（c）除尘器抽出风量对系统降尘效果的影响

除尘器抽出风量的大小对系统降尘效果也有着显著的影响。分别模拟了除尘器抽出风量分别为 0.9、0.8 和 0.7 倍供风风量（即抽出风量分别为 405 m^3/min、360 m^3/min 和 315 m^3/min）时,综掘工作面通风除尘系统的降尘效果。图 5-23 为不同抽出风量时距巷道底板 1.5 m（$Y=1.5$ m）处巷道截面上的粉尘分布情况。

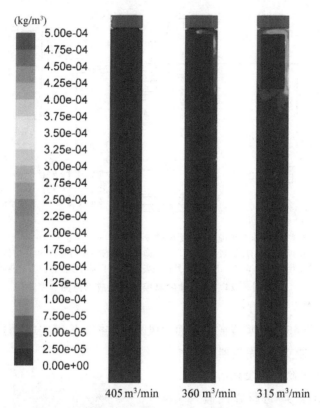

图 5-23　不同抽出风量时粉尘浓度分布（$Y=1.5$ m）

由图 5-23 可以看出,在供风风量不变的情况下,随着抽出风量的增加,系统的降尘效果也随之提高。当抽出风量为 315 m^3/min 时,掘锚机两侧的人员作业处部分粉尘扩散,在抽出风量为 360 m^3/min 时扩散的粉尘已经较少,而在抽出风量为时 405 m^3/min 时,两侧几乎没有粉尘向外扩散,系统降尘效果良好。因此在实际使用时,除尘器抽出风量不应低于供风风量的 0.8 倍,在保证工作面安全生产的前提下,为达到理想的降尘效果,应尽可能提高通风除尘系统的抽压风量比。

（3）综掘面压抽风流自动调控及系统安全保障

利用抽尘净化系统处理粉尘,存在瓦斯在控尘区域聚集的安全隐患。为保证除尘系统运行安全和提高降尘效率,采用煤矿机掘面通风除尘监控装置对系统运行时的瓦斯、粉尘、压抽风量等工艺参数进行实时监测,并及时调整压抽风量比以保证降尘效率。

ZTCK660(A)型煤矿机掘面通风除尘监控装置主要由风量测量装置、KXJT2－45/660煤矿除尘器用隔爆兼本质安全型变频调速控制箱(简称控制箱)、粉尘浓度传感器、甲烷浓度传感器、通讯电缆以及其他部件组成,见图5-24。控制箱共有9路电流输出,其中强电有2路,用于同时带动两台风机运行;弱电有7路,分别用于带动2台粉尘浓度传感器、低浓度甲烷浓度传感器、管道红外甲烷浓度传感器以及风量测量中的差压变送器、压力变送器和温度变送器。

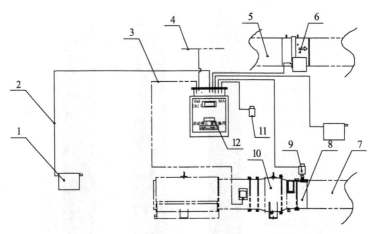

1—粉尘浓度传感器;2—通信电缆;3—防爆电缆(外接设备);4—掘进面供电电源(AC660V);
5—正压风筒(外接设备);6—风量测量装置;7—负压风筒(外接设备);8—管道甲烷传感器安装架;
9—管道甲烷传感器;10—除尘器(外接设备);11—甲烷浓度传感;12—控制箱

图 5-24 通风除尘监控装置组成示意图

如图 5-25 ZTCK660(A)型煤矿机掘面通风除尘监控装置可实现对工作面供风风量、除尘器处理风量、除尘器功率、除尘器管道内瓦斯浓度、抽压风筒重叠段瓦斯浓度、降尘效率(粉尘浓度)进行在线监测,风量测量误差不超过 5%。可通过除尘器变频调速来调节除尘器的抽风风量,使除尘器的抽风风量与监测到的供风风量相匹配,避免瓦斯积聚并保证良好的降尘效果。该装置能在除尘器超负荷运行时自动进行断电保护,在瓦斯超限时(含重叠段瓦斯超限和抽风管道内瓦斯超限)对各电器设备自动进行断电保护,能对设备故障状态进行诊断和报警,用户可通过操作界面进行查询。

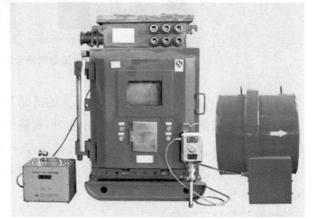

图 5-25 ZTCK660(A)型煤矿机掘面通风除尘系统监控装置

5.2.5　现场示范应用及效果

（1）通风除尘系统高效控尘

为进一步提高降尘效果，防止掘锚机截割时产生的粉尘在压风风流影响下向巷道扩散，根据前面的数值模拟分析结果，在附壁风筒控尘的基础上增加挡尘帘控尘。在掘锚机临时支撑架上安装油缸，并加装挡风皮带，从而达到截割时封闭挡尘的作用，阻止粉尘向外扩散，配合除尘器长压短抽式的通风除尘方式能达到最佳除尘效果。图 5-26 为挡尘帘布置示意图和实际安装情况。

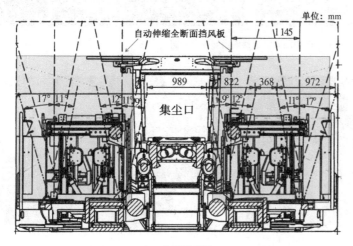

（a）布置示意图　　　　（b）实际安装情况

图 5-26　掘锚机挡尘帘

（2）综掘面防尘示范布置方案

根据上述研究结果，最终得到 22120 运输顺槽掘进面长压短抽通风除尘系统布置方式如图 5-27 所示。方案总体采用"控尘＋除尘器抽尘净化"的长压短抽通风除尘技术；通过附壁风筒和挡尘帘进行控尘，附壁风筒控尘距离 10～15 m，轴向出风距离 5～15 m，轴向出风量 40 m³/min；采用 KCS-550D-Ⅰ型矿用湿式除尘器抽尘净化，除尘器布置方式采取机载式；采用 ZTCK660(A)型煤矿机掘面通风除尘监控装置进行压抽风流自动调控和系统运行安全保障，煤矿机掘面通风除尘监控装置控制箱安设于胶带输送机上的设备列车处；在掘进面迎头 10～15 m 位置安设 GCG500(C)矿用呼吸性粉尘浓度传感器，对巷道内的呼吸性粉尘浓度进行在线监测。图 5-28 为主要设备现场安装使用情况。

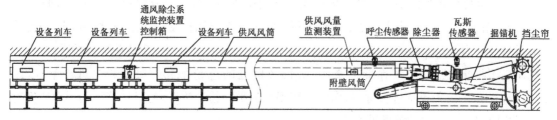

图 5-27　22120 运输顺槽通风除尘系统布置示意图

（a）矿用湿式除尘器现场安装布置图

（b）控尘装置（附壁风筒）　　　　　　　　（c）呼吸性粉尘浓度传感器

（d）通风除尘监控装置

图 5-28　主要设备现场安装使用情况

（3）现场使用效果测试分析

为确定最佳降尘效果时的抽压风量比，按照滤膜质量增重法，分别对系统抽压风量比为 0.7、0.8 和 0.9 三种情况时的降尘效果进行了测量。在掘锚机悬挂挡尘帘时，调节除尘器抽出风量分别为 315 m³/min、360 m³/min 和 405 m³/min，采用 AZF-2 型粉尘采样器，对掘锚机司机作业处和距掘进工作面迎头 15 m 回风侧处的总粉尘和呼吸性粉尘进行采样，用 0.1 mg 感量的电子天平进行称量，由此计算得出的平均粉尘浓度，通过计算得到不同条件时的降尘效率。具体测试结果见表 5-9。

表 5-9 22120 运输顺槽掘进工作面粉尘浓度测量结果

采样地点及粉尘类型		平均粉尘浓度/(mg·m⁻³)				降尘效率/%		
		除尘器关闭	除尘器开启（风量为 315 m³/min）	除尘器开启（风量为 360 m³/min）	除尘器开启（风量为 405 m³/min）	抽风量 315 m³/min	抽风量 360 m³/min	抽风量 405 m³/min
司机位置	总粉尘	275.60	106.68	20.36	6.68	61.29	92.61	97.58
	呼吸性粉尘	83.08	40.12	7.52	3.78	51.71	90.95	95.45
距迎头 15 m 回风侧	总粉尘	258.12	110.79	17.36	5.16	57.08	93.27	98.00
	呼吸性粉尘	72.19	42.25	5.39	2.86	41.46	92.53	96.04

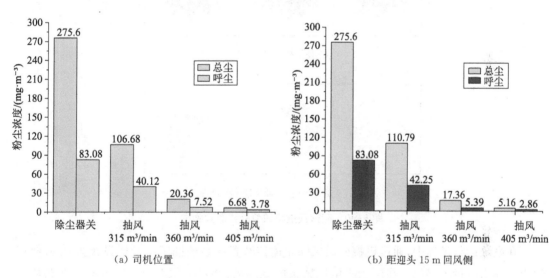

（a）司机位置　　　　　　　　　　（b）距迎头 15 m 回风侧

图 5-29 22120 运输顺槽掘进工作面粉尘浓度

从表 5-9 和图 5-29 可以看出：在掘锚机设置挡尘帘，其他通风除尘工艺参数不变的条件下，当除尘器抽出风量为 315 m³/min（抽压风量比为 0.7）时，司机位置总粉尘和呼吸性粉尘由使用前的 275.60 mg/m³ 和 83.08 mg/m³ 降低到 106.68 mg/m³ 和 40.12 mg/m³，总粉尘和呼吸性粉尘降尘效率分别为 61.29% 和 51.71%；距迎头 15 m 回风侧处总粉尘和呼吸性粉尘由使用前的 258.12 mg/m³ 和 72.19 mg/m³ 降低到 110.79 mg/m³ 和 42.25 mg/m³，总粉尘和呼吸性粉尘降尘效率分别为 57.08% 和 41.46%，降尘效果不够理想。

当除尘器抽出风量为 360 m³/min（抽压风量比为 0.8）时，司机位置的总粉尘和呼吸性粉尘分别降低到 20.36 mg/m³ 和 7.52 mg/m³，总粉尘和呼吸性粉尘降尘效率分别提升到 92.61% 和 90.95%；距迎头 15 m 回风侧处的总粉尘和呼吸性粉尘降低到 17.36 mg/m³ 和 5.39 mg/m³，总粉尘和呼吸性粉尘降尘效率分别提升到 93.27% 和 92.53%，降尘效果较除尘器抽出风量为 315 m³/min 时有了明显的改善。但是此种条件下，掘进面呼吸性粉尘的降尘效率还未达到计划目标。

当除尘器抽出风量为 405 m³/min(抽压风量比为 0.9)时,司机位置的总粉尘和呼吸性粉尘分别降低到 6.68 mg/m³ 和 3.78 mg/m³,总粉尘和呼吸性粉尘降尘效率分别提升到 97.58% 和 95.45%;距迎头 15 m 回风侧处的总粉尘和呼吸性粉尘降低到 5.16 mg/m³ 和 2.86 mg/m³,总粉尘和呼吸性粉尘降尘效率分别提升到 98.00% 和 96.04%,工作面降尘效果明显,呼吸性粉尘降尘效率达到 95% 以上。综掘工作面的作业环境得到极大改善,减少了高浓度粉尘对司机及作业人员的危害。图 5-30 为测试掘进机司机位置处粉尘浓度的滤膜实物对比。

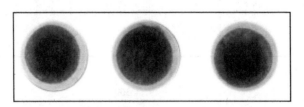

(a) 使用控降尘系统前

(b) 使用控除尘系统后(抽风量 405 m³/min)

图 5-30 测试掘进机司机处滤膜实物图

在系统运行过程中,通过机掘面通风除尘监控装置将系统抽压风量比设置为 0.9,使得除尘器抽出风量始终保持在压入式供风风量的 0.9 倍,并对工作面迎头附近的瓦斯和粉尘浓度进行连续监测,以保证掘进工作面长压短抽通风除尘系统安全和高效运行。

5.2.6 掘进面呼吸性粉尘浓度监测与管理

为了及时掌握井下作业环境中的粉尘浓度和粉尘防治效果,需要对作业场所的粉尘浓度进行在线监测。目前国内煤矿普遍在采掘工作面设置总粉尘浓度传感器对工作面环境进行监测。随着科学技术的不断进步,我国矿山粉尘防治工作重点正从总粉尘防治向呼吸性粉尘防治转变。当前对呼吸性粉尘浓度进行连续监测的手段较少。为此,选用前面所述GCG500(C)矿用呼吸性粉尘浓度传感器对 22120 运输顺槽掘进面的呼吸性粉尘进行连续监测。该传感器呼吸性粉尘浓度测量范围为 0~500 mg/m³,呼吸性粉尘浓度测量误差为 ±12%。

将传感器安设于巷道距工作面迎头 10~15 m 处的顶部,同时将其接入粉尘监控分站,然后再通过矿用本安型交换机进入井下工业环网,最后通过矿用网络交换机将监测数据上传至地面,实现井下呼吸性粉尘连续监测,并根据监测结果加强防尘管理。本次示范应用是将呼吸性粉尘浓度传感器接入综掘作业人员呼吸性粉尘累计接尘量监测系统以实现地面呼吸性粉尘浓度连续监测。图 5-31 为呼吸性粉尘在线监测记录。

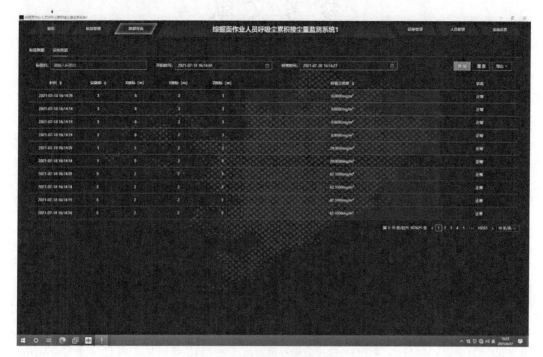

图 5-31　呼吸性粉尘在线监测记录

当呼吸性粉尘浓度监测结果出现异常时,监测系统发出预警信号,通风防尘技术人员立即进行处理。

参 考 文 献

［1］李德文,赵政,郭胜均,等."十三五"煤矿粉尘职业危害防治技术及发展方向[J].矿业安全与环保,
2022,49(4):51-58.

［2］李德文,隋金君,刘国庆,等.中国煤矿粉尘危害防治技术现状及发展方向[J].矿业安全与环保,
2019,46(6):1-7.

［3］李德文,郭胜均.中国煤矿粉尘防治的现状及发展方向[C]//第八届全国采矿学术会议论文集.海口,
2009:765-770.

［4］李德文,郭胜均.中国煤矿粉尘防治的现状及发展方向[J].金属矿山,2009(S1):747-752.

［5］李德文.中国煤矿粉尘防治技术现状及展望[C]//中国煤炭学会煤矿安全专业委员会 2004 年学术年
会论文集.三亚,2004:258-263.

［6］李德文.粉尘防治技术的最新进展[J].矿业安全与环保,2000,27(1):14-16.

［7］张福喜,张广勋,李德文,等.抽出式对旋风机隔流腔内瓦斯超限原因及解决对策[J].矿业安全与环
保,2003,30(2):44-45.

［8］张广勋,李德文,郭科社.爆炸性环境用防爆对旋轴流式通风机的研制及应用[J].工业安全与防尘,
2000,26(9):39-41.

［9］张设计,李德文,马威,等.一种综采工作面采煤机逆风割煤产尘综合治理方法:CN109026126A[P].
2020-08-21.

［10］李德文,王伟黎,赵中太,等.一种矿用综掘面配套除尘器承载车:CN208934692U[P].2019-06-04.

［11］Wang L，Tian Q J，Li D W，et al. The research of the activity of the piedmont fault on the
Tangshankou segment of the Yuguang Basin southern marginal fault[J]. Earthquake Research in
China，2017，31(4)：527-537.

［12］王志宝,李德文,王树德,等.环缝式引射器变工况特性的试验研究[J].煤矿机械,2012,33(3):
54-56.

［13］张少华,郭胜均,隋金君,等.一种尘源自动隔离喷雾控降尘方法和装置:CN111502736A[P].2020-
08-07.

［14］胡夫,李德文,杨亚会,等.一种增加水体润湿能力的矿用降尘剂、配制方法及其应用:CN111394062A
[P].2023-03-24.

［15］马威,李德文,张设计,等.一种具有侧吸功能的喷雾引射式含尘气流控制方法与装置:
CN109139007A[P].2020-05-12.

［16］马威,李德文,张设计,等.一种具有侧吸功能的喷雾引射式含尘气流控制方法与装置:
CN109139007A[P].2020-05-12.

［17］王杰,李德文,隋金君,等.智能化粉尘浓度设限喷雾降尘装置和系统:CN201738944U[P].2011-

02-09.

[18] 王杰,李德文,隋金君,等.智能化粉尘浓度设限喷雾降尘装置、系统和方法:CN101915116A[P].
2010-12-15.

[19] 郭胜均,张设计,吴百剑,等.气幕发生器的试验研究[J].矿业安全与环保,2006,33(6):22-23.

[20] 郭胜均,张设计,吴百剑,等.气幕控尘模拟试验研究[J].矿业安全与环保,2005,32(1):11-12.

[21] 郭胜均,吴百剑,张设计,等.气幕控尘技术的应用[J].煤矿安全,2005,36(1):11-13.

[22] 郭胜均,李德文,张设计,等.气幕控尘技术理论研究[J].矿业安全与环保,2004,31(6):4-5.

[23] 郭胜均,吴百剑,张设计,等.连采工作面气幕控尘技术的研究及实践[C]//中国煤炭学会煤矿安全专
业委员会2004年学术年会论文集.三亚,2004:271-274.

[24] 张安明,李德文.电介喷嘴高效喷雾降尘的试验研究[J].煤炭工程师,1997,24(1):3-5.

[25] 李德文.预荷电喷雾降尘技术的研究[J].煤炭工程师,1994,21(6):8-13.

[26] 李德文,严昌炽.荷电水雾对呼吸尘的捕集机理及捕集效率[J].煤矿安全,1993,24(12):5-9.

[27] 严昌炽,李德文.水雾荷质比极限值与雾粒粒径分布的关系探讨[J].煤炭工程师,1993,20(5):
17-19.

[28] 李德文.利用声凝聚机理提高喷雾降尘效果的研究[J].中国安全科学学报,1993,3(2):32-37.

[29] 张设计,李德文,庄学安,等.一种湿式除尘风机的维护方法及系统:CN111365266A[P].2020-07-03.

[30] 李德文,梁爱春,赵中太,等.一种流体动力学一体式泡沫降尘装置:CN211836923U[P].2020-11-03.

[31] 梁爱春,李德文,龚小兵,等.多相动力流场复合型泡沫混合发生器:CN211964012U[P].2020-11-20.

[32] 张小涛,曹树刚,李德文.基于附壁射流的控、除尘一体化技术研究[J].中国矿业大学学报,2019,48
(3):495-502.

[33] 李德文,王伟黎,赵中太,等.一种矿用综掘面配套除尘承载车:CN108999609A[P].2018-12-14.

[34] 张少华,李德文,王杰,等.一种扭力脱水筒及高效四级脱水除尘器:CN111514679A[P].2021-09-28.

[35] 惠立锋,王杰,李德文,等.一种含尘样气致冷除湿装置、系统及其方法:CN108279195A[P].2021-
04-27.

[36] 王昌傲,李德文,张建军,等.新型采煤机控尘降尘装置:CN203584430U[P].2014-05-07.

[37] 郭胜均,龚小兵,刘奎,等.一种带喷浆机械手和控除尘功能的扒渣机:CN202645572U[P].2013-
01-02.

[38] 郭胜均,龚小兵,刘奎,等.一种带喷浆机械手和控除尘功能的扒渣机:CN202300421U[P].2012-
07-04.

[39] 郭胜均,龚小兵,刘奎,等.一种带控除尘功能的扒渣机:CN202273683U[P].2012-06-13

[40] 张少华,李德文,隋金君,等.往复送料式高浓度发尘器:CN202648970U[P].2013-01-02.

[41] 张少华,李德文,隋金君,等.掘进巷道防脱轨承载车:CN202641705U[P].2013-01-02.

[42] 王杰,李德文,吴付祥,等.循环粉尘发尘装置:CN102830047A[P].2012-12-19.

[43] 张少华,李德文,隋金君,等.一种掘进巷道防脱轨承载车:CN102700561A[P].2012-10-03.

[44] 王杰,李德文,吴付祥,等.矿用防尘设备远程智能在线监控系统:CN202472381U[P].2012-10-03.

[45] 郭胜均,龚小兵,李德文,等.一种带喷浆机械手的扒渣机:CN202300420U[P].2012-07-04.

[46] 王树德,李德文,张小涛,等.机掘面车载式控尘除尘一体设备及系统:CN202228079U[P].2012-
05-23.

[47] 郭胜均,龚小兵,李德文,等.一种喷浆机械手:CN102418533A[P].2012-04-18.

［48］王杰,吴付祥,李德文,等.乳化液浓度自动检测及自动配比装置:CN202185288U[P].2012-04-11.

［49］王杰,吴付祥,李德文,等.矿用直流无刷微型泵:CN202190168U[P].2012-04-11.

［50］王杰,吴付祥,李德文,等.乳化液浓度在线检测仪:CN202182873U[P].2012-04-04.

［51］郭胜均,龚小兵,李德文,等.一种喷浆机械手:CN202181906U[P].2012-04-04.

［52］龚小兵,郭胜均,李爱菊,等.矿用气动湿式孔口除尘器:CN202181914U[P].2012-04-04.

［53］王杰,李德文,王树德,等.矿用噪声传感器:CN202057414U[P].2011-11-30.

［54］王杰,吴付祥,李德文,等.乳化液浓度在线检测系统及其超声波接收电路:CN102253119A[P].2011-11-23.

［55］龚小兵,郭胜均,李德文,等.无动力液体自动添加装置:CN201982131U[P].2011-09-21.

［56］梁爱春,李德文,王树德,等.CSY-180液动除尘器在良庄矿的应用[J].煤炭工程,2009,41(4):99-101.

［57］梁爱春,李德文,王树德.综合防尘技术在开元公司的应用[J].能源环境保护,2008,22(5):40-43.

［58］胥奎,李建国,李德文,等.湿式旋流除尘器:CN2920371[P].2007-07-11.

［59］王树德,李建国,胥奎,等.矿用湿式孔口除尘器:CN2911188Y[P].2007-06-13.

［60］李德文,王树德,胥奎,等.涡流控尘装置:CN2908788Y[P].2007-06-06.

［61］Zhang X T, Cao S G, Li D W, et al. Research on the air flow distribution law on the driving face based on wall-attached jet dust control[J]. Powder Technology, 2020, 360: 1006-1016.

［62］李德文,杜安平,张广勋,等.抽出式对旋风机的负压腔体:CN2422448Y[P].2001-03-07.

［63］Tang C R, Liu D D, Li D W. Research on 3D cutting force sensor based on magnetorheological elastomers[C]//2016 Progress in Electromagnetic Research Symposium (PIERS). August 8-11, 2016, Shanghai. IEEE, 2016: 3402-3404.

［64］袁地镜,李德文,张设计,等.一种适用于连采机低位尘源的高效抽尘装置:CN111075446B[P].2021-09-28.

［65］陈芳,李德文,张设计,等.一种煤层注水相似模拟试验的方法及装置:CN110646583B[P].2022-02-22.

［66］陈芳,李德文,张设计,等.一种煤层注水封孔试验的相似模拟方法及装置:CN110646584B[P].2021-09-24.

［67］马威,李德文,张设计,等.一种可拓展引射范围的采煤机尘气流控制方法:CN110306981A[P].2019-10-08.

［68］李德文,张设计,马威,等.煤矿大采高综采工作面移架闭尘导尘装置:CN109162752A[P].2019-01-08.

［69］许洋铭,李德文,刘奎,等.抽出式通风风速分布数值模拟[J].煤矿安全,2018,49(2):170-172.

［70］张设计,李德文,马威,等.一种综采工作面采煤机逆风割煤产尘综合治理方法:CN109026126B[P].2020-08-21.

［71］李德文,赵中太,龚小兵,等.一种爆炸性粉尘抽尘管道清灰机器人:CN110935701B[P].2020-12-15.

［72］龚小兵,李德文,赵中太,等.一种L型旋转腔体吸尘杆组件:CN110815051B[P].2021-06-22.

［73］龚小兵,李德文,赵中太,等.一种非接触式密封结构和非接触式钻孔抽尘罩:CN110656900A[P].2020-01-07.

［74］梁爱春,李德文,龚小兵,等.一种爆炸性粉尘抽尘管道自动清灰装置:CN109848149B[P].2021-

12-28.

［75］尹震飚,郭振新,李德文,等.一种控制煤矿机掘面通风除尘系统风量配比的装置:CN204402533U
[P].2015-06-17.

［76］郭胜均,尹震飚,郭振新,等.煤矿机掘面通风除尘系统安全运行监控装置:CN204406126U[P].2015-
06-17.

［77］尹震飚,郭胜均,戴小平,等.由变频器控制的风机通过风量在线监测方法:CN103925951A[P].2014-
07-16.

［78］王昌傲,李德文,张建军,等.新型煤层注水封孔装置:CN203584454U[P].2014-05-07.

［79］吴付祥,王杰,戴小平,等.用于煤矿井下尘源跟踪喷雾降尘系统的无线数据传输方法:
CN103413420A[P].2013-11-27.

［80］郭胜均,刘奎,汪春梅,等.掘进面分段式封孔注水降尘机理研究[C]//中国煤炭学会煤矿安全专业委
员会 2009 年学术研讨会论文集.张家界,2009:40-43.

［81］龚小兵,郭胜均,刘奎,等.掘进面分段式封孔注水降尘机理研究[J].矿业安全与环保,2009,36(S1):
30-33.

［82］刘奎,刘长友,李德文,等.超长综放孤岛面矿压规律及支架适应性研究[J].采矿与安全工程学报,
2007,24(1):84-87.

［83］张设计,李德文,郭胜均,等.特殊煤层的注水工艺技术试验研究[J].矿业安全与环保,2006,33(2):
1-3.

［84］张广勋,李德文,郭科社.小型煤矿地面用抽出式轴流通风机的研究[J].矿山机械,2000,28(5):
27-28.

［85］严昌炽,陈治中,李德文.煤矿机掘面通风除尘技术的研究[J].中国煤炭,1997,23(11):32-34.

［86］郑磊,李德文,许圣东,等.一种煤炭扬尘能力测试方法及装置:CN111624127A[P].2020-09-04.

［87］刘丹丹,韩东志,李德文,等.基于卡门涡街的静电感应粉尘浓度检测装置的设计[J].仪表技术与传
感器,2020(6):24-27.

［88］刘丹丹,刘衡,李德文,等.基于响应曲面法煤矿粉尘浓度测量装置优化研究[J].煤炭科学技术,
2020,48(4):224-229.

［89］李德文,卓勤源,吴付祥,等.基于 β 射线法的粉尘质量浓度检测算法研究[J].矿业安全与环保,2019,
46(6):8-13.

［90］李德文,张强,吴付祥,等.管道内沉积粉尘厚度监测装置及方法:CN108627107B[P].2019-09-27.

［91］李德文,惠立锋,赵政,等.一种呼吸性粉尘分离装置:CN109865215B[P].2021-04-13.

［92］李德文,焦敏,郑磊.燃煤电厂超低排放颗粒物在线监测烟气除湿技术[J].中国电力,2019,52(12):
154-159.

［93］刘丹丹,景明明,汤春瑞,等.基于静电感应的小粒径粉尘浓度测量装置优化研究[J].煤炭科学技术,
2019,47(7):171-175.

［94］李德文,陈建阁.基于电荷感应法浮游金属粉尘质量浓度检测技术[J].工业安全与环保,2019,45
(7):61-64.

［95］赵政,李德文,吴付祥,等.基于高精度沉积厚度检测方法的通风除尘管道粉尘沉积规律[J].煤炭学
报,2019,44(6):1780-1785.

［96］Liu D, Ma Q, Li D, et al. Dust concentration estimation of underground working face based on dark channel prior[C]//IOP Conference Series：Materials Science and Engineering. IOP Publishing, 2019, 592(1)：012183.

［97］ Liu D，Zhao W，Li D，et al. Optimization of dust concentration measuring device[C]//IOP Conference Series：Materials Science and Engineering. IOP Publishing, 2019, 592(1)：012184.

［98］ Liu D，Ma W，Li D，et al. Research on dust concentration measurement device based on spiral flow [C]//IOP Conference Series：Materials Science and Engineering. IOP Publishing, 2019, 592(1)：012185.

［99］ 刘丹丹,景明明,李德文,等.静电感应检测小粒径煤尘通道参数的优化[J].黑龙江科技大学学报, 2019,29(3):346-352.

[100] 李德文,陈建阁,安文斗,等.电荷感应式粉尘浓度检测技术[J].能源与环保,2018,40(8):5-9.

[101] 李德文,赵政,晏丹,等.一种基于 DMA 的颗粒物粒径分布检测系统和方法:CN108918358A[P]. 2018-11-30.

[102] 刘丹丹,刘衡,李德文,等.基于遗传算法的煤矿粉尘浓度测量装置优化[J].黑龙江科技大学学报, 2018,28(1):97-101.

[103] 刘丹丹,曹亚迪,汤春瑞,等.基于测量窗口气鞘多相流分析的粉尘质量浓度测量装置优化[J].煤炭学报,2017,42(7):1906-1911.

[104] 刘丹丹,魏重宇,李德文,等.基于气固两相流的粉尘质量浓度测量装置优化[J].煤炭学报,2016,41 (7):1866-1870.